自然・社会と対話する環境工学

土木学会

Environmental Engineering:
a Dialogue with Nature and Society

March, 2007

Japan Society of Civil Engineers

土木学会　環境工学委員会
「自然・社会と対話する環境工学」編集 W.G.

代表　大垣眞一郎（東京大学，編著）

幹事　秋葉道宏（厚生労働省国立保健医療科学院，2 章編集担当）
委員　池本良子（金沢大学，3 章編集担当）
委員　中村寛治（東北学院大学，5 章編集担当）
委員　福士謙介（東京大学，1 章編集担当）
委員　南山瑞彦（国土交通省国土技術政策総合研究所，4 章編集担当）
委員　味埜　俊（東京大学，1～5 章編集担当）

執筆者一覧

秋葉道宏（厚生労働省国立保健医療科学院，2 章 1 節，3 章 2 節）
池本良子（金沢大学，3 章 1 節，3 章 5 節）
伊藤禎彦（京都大学，3 章 1 節）
今井　剛（山口大学，1 章 6 節）
大垣眞一郎（東京大学，はじめに，2 章 1 節）
大村達夫（東北大学，1 章 2 節）
岡部　聡（北海道大学，3 章 5 節）
尾崎博明（大阪産業大学，1 章 3 節）
小野芳朗（岡山大学，2 章 5 節）
鍵屋浩司（国土交通省国土技術政策総合研究所，4 章 3 節）
北澤君義（信州大学，5 章 2 節）
北脇秀敏（東洋大学，1 章 5 節）
佐藤和明（財団法人河川環境管理財団，2 章 4 節）
重見弘毅（財団法人クリタ水・環境科学振興財団，5 章 1 節）
須藤隆一（埼玉県環境科学国際センター，2 章 1 節）

高橋敬雄（新潟大学，3 章 3 節）
高橋正宏（北海道大学，4 章 1 節）
滝沢　智（東京大学，1 章 2 節）
田中　亮（日本上下水道設計株式会社，3 章 6 節）
田中宏明（京都大学，3 章 1 節）
チョンラク・ポンプラサート（アジア工科大学院，1 章 1 節）
中島典之（東京大学，5 章 3 節）
中村寛治（東北学院大学，2 章 2 節，2 章 3 節）
西村　修（東北大学，2 章 1 節）
布浦鉄兵（東京大学，5 章 3 節）
原田秀樹（東北大学，1 章 4 節）
福士謙介（東京大学，1 章 1 節(訳)，1 章 3 節）
藤井滋穂（京都大学，1 章 6 節）
藤生和也（国土技術政策総合研究所，3 章 1 節）
藤田正憲（高知工業高等専門学校，2 章 2 節）
古米弘明（東京大学，3 章 4 節）
松井三郎（京都大学，1 章 4 節，3 章 6 節）
松江正彦（国土交通省国土技術政策総合研究所，2 章 4 節）
松尾友矩（東洋大学，1 章 1 節）
松本明人（信州大学，5 章 2 節）
宮　晶子（株式会社荏原総合研究所，5 章 1 節）
宮島昌克（金沢大学，3 章 2 節）
村上雅博（高知工科大学，1 章 6 節）
矢木修身（日本大学，2 章 3 節）
山下英俊（一橋大学，1 章 5 節）
山田正人（独立行政法人国立環境研究所，2 章 5 節）
山本和夫（東京大学，5 章 3 節）
吉田敏章（国土交通省国土技術政策総合研究所，4 章 2 節）

目　次

第2章　日本の豊かな環境設計のために……47

第4章　心地よい都市空間のために……133

はじめに

環境工学は対話する科学技術である。自然と対話し、社会と対話する。社会の中で利潤のみを追求し、あるいは自然の征服のみを目的とする科学技術ではない。人々の安全と健康を脅かすさまざまな危険（リスク）を回避し、低減し、最小化するシステムを創り出す科学技術である。社会そのものに関わる科学技術の典型である。最先端の真理探究研究から社会共同体の合意形成手法まで、その関わる分野は広い。この科学技術の工学体系が環境工学である。ここ三〇年ほどの間に、新しい工学分野として具体的に体系づけられ、工学体系として確立された分野である。

この本は、自然や社会と対話している環境工学の姿を、できるかぎり多くの方々に理解していただきたいと考え、環境工学に関わる論点をとりまとめたものである。各章に、よりよい社会を創り出す上で、環境工学が直面しているさまざまな制約、解くべき課題、創るべき制度などを具体的に示してある。あるいは構築すべき新しい理念も述べている。これら具体的な話題から、科学技術の未来の姿も垣間見ることができるはずである。特に、これから環境の課題に取り組みたいと考えている高校生、高専生、大学生、大学院生、また、他分野の若い世代の方々に目を通していただきたいと考えている。環境に関わる行政や産業界、非営利団体などで活躍されている方々へも、環境工学の意義と魅力が伝われば幸いである。

「環境工学」は、土木工学の最も根源的な分野の一つである「衛生工学」（人の生命を衛る技術）をその起源としている。すなわち、上下水道などを計画し建設するための学問であった。現代科学技術の発展の中で、衛生工学は、「環境工学」として、生活と生産の場を取り巻く水環境、大気環境、土壌環境、廃棄物管理、生活空間設計などに対象を拡げてきた。自然を含む広い意味での社会基盤全体（社会的共通資本）の形成に、直接関わる工学体系へと成長した。社会の価値観が多様化する中、水処理技術など個別技術のみではなく、環境技術システム、社会的・文化的要素をも考慮した環境マネジメント、地球規模の環境などに研究対象を拡大してきている。

「環境工学」は、人間にとってより安全で快適な生活・生産空間および自然環境を守る応用学術である。現在では、その応用を支える基礎科学との連携がより重要となっている。環境工学の中にさまざまな基礎学術と先端科学を取り込んでいる。たとえば、分子生物学などの先端生命科学分野、ナノ濾過膜に代表される新材料工学分野、最新化学の分析分野、計算機の発展に支えられた数値計算・情報技術・計測分野などは、「環境工学」にとって不可欠の要素分野となっている。

環境工学のイメージを図に示す。たとえば、健康という価値を実現するための、物質分子から都市社会インフラストラクチャまでのさまざまな知識が連なりながら体系を形作っている。この連関図には、水環境に関する一断面のみを表示しているが、廃棄物、大気、土壌、都市環境、自然環境、有害物質、エネルギー、など同様の連関がそれぞれの層を形成し、重層し相互に関連し合いながら、「環境工学」を形成している。すなわち、遺伝子から地球までを扱っていると表現できる。たとえば、一九五三年のＤＮＡ二重らせん構造の発見と一九八五年のＰＣＲ法の発明などによる分子生物学の急速な発展が続

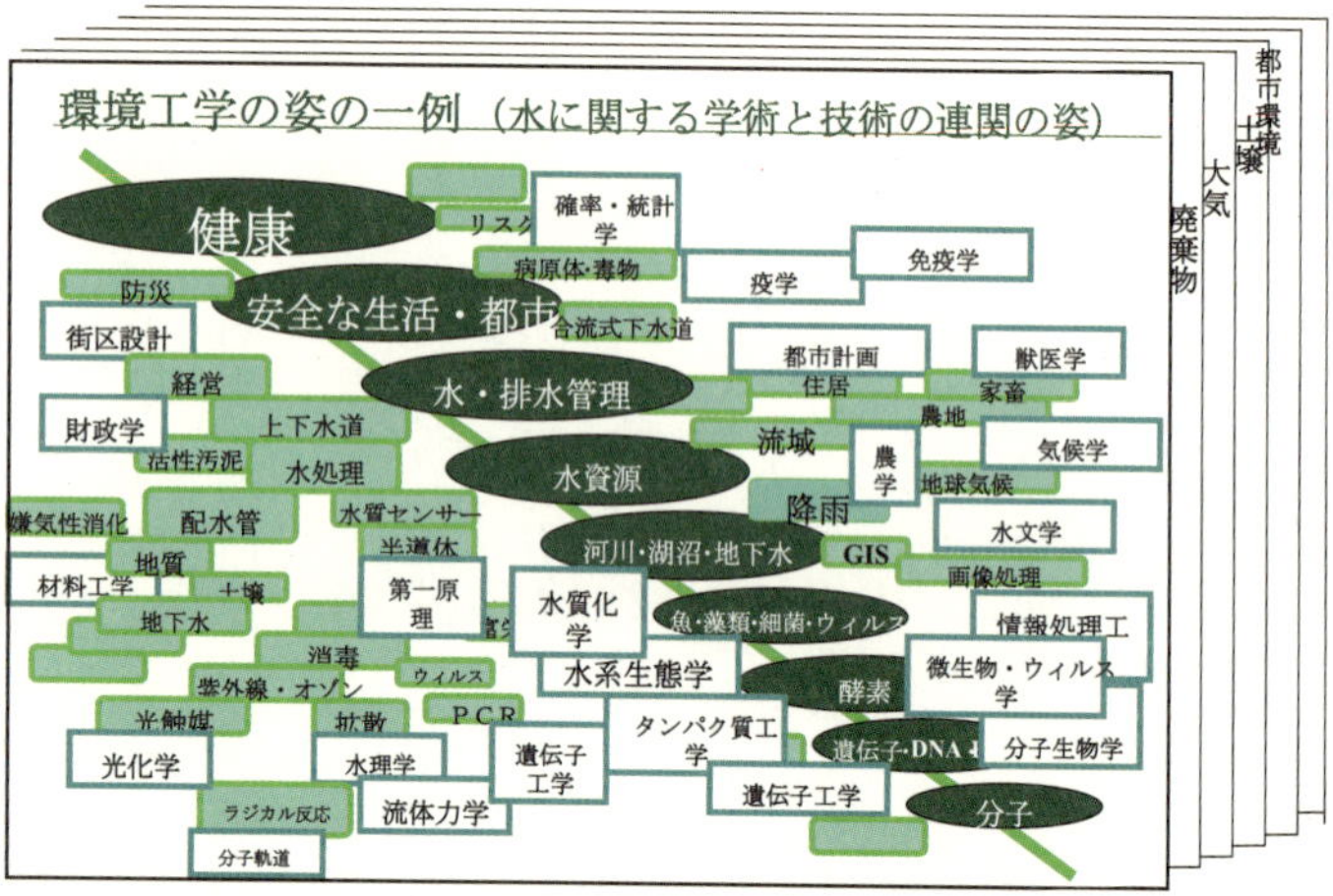

環境工学の知の連関の例

いている。環境浄化技術においても微生物の機能と微生物生態系の構造が次々と明らかになってきている。一方、都市域の海岸などは、自然と人の活動が複雑に絡み合う環境である。環境設計のためには、湾岸レクレーション環境の設計から廃棄物の処分場のあり方まで、また、気象と沿岸流の数値流体力学解析から、海水中の病原ウイルスの検出まで、環境工学の幅広い知が求められている。

いうまでもなく、環境に国境はない。仙台市の大気は北京の大気とつながり、琵琶湖の水はタイ湾の水につながる。人をはじめ食料や工業製品が国を超えて大量に移動する時代である。あらゆるものの地球化（グローバリゼーション）は拡大する一方である。有害物質や微生物も世界を動く。国を超えた国際地域環境（例えば、アジアモンスーン地帯）も、「環境工学」の重要な対象である。国際環境工学分野の研究展開が専門教育と併せ鋭意進められている。

「環境工学」の大きな特徴は、その専門領域としての新しい開拓分野が常に生まれ出てくるところにある。人々の生命と社会の持続性に関わる環境の課題は、時代とともに常に新しい課題（開拓すべき分野）が立ち現れる。この次々生まれる新しい課題への挑戦には、人間社会全体を俯瞰でき、工学の深い知識をもつ専門家群が必要である。この環境工学の活動へ、さまざまな分野の方々が、また、若い人々が参加されることを期待している。

（大垣眞一郎）

なお、この本は、ダイナミックに発展しつつある環境工学のいま現在の論点を扱っている。社会の中での各論点の成熟の度合はさまざまである。すなわち、萌芽的な論議が始まった段階のものから、長年にわたって論じられてきて成熟段階にあるものまで多様である。この成熟の度合に合わせる形で、各項の構成も異なる。また、各項に示された結論、主張は、各項の最後に示す執筆者個人の見解である。

第 1 章

国際地域（アジア）のよりよい環境の設計のために

1――アジア地域全体に共通する環境政策はありえるか

アジア全体における共通の環境政策の立案は非常に難しい。経済的ポジション、国際社会における地位、国内の安定度、宗教、歴史、言語等の違いのような障壁がそれを困難にしている。また、アジアが統一政策を持つことが必ずしも正解とならないという考え、すなわち多様性を重視する価値観があることも統一的政策立案を阻んでいる。一方、共通の考え方の基盤なくしては、相互理解・補助に基づくアジアの環境の設計は達成できない。

どのようにしたらアジア共通の環境指標を作ることができるか

アジアは四〇億人以上の人口を擁する世界で最も大きい大陸であり、近年、急速な都市化と工業化を遂げている。しかしながら、同じアジアの中でも発展の度合いには大きな格差が存在する。東アジアの国々、すなわち日本、韓国、中国は、より高い経済的優位を保っており、他のアジアの国々より繁栄している。ほとんどのアジア諸国は、それぞれの国で環境を保全するための政策（基準等）を持っているが、技術的や経済的な問題がその政策の実施を困難にしている。国際化がもたらす社会経済的変化や、環境の悪化が人々が今まで送ってきた生活に大きな影響を与える事は明らかである。アジアの国々がこの世界の潮流を考え、この世界経済への各国の対応を批判的に見直す時が来ている。

持続可能な発展の原則に基づいて、アジア共通の環境基準を策定することは崇高な考えである。それを実現するためにはアジアで皆が共通で利用できる環境指標がまず開発されるべきである。ストックホルム議定書や京都議定書は国際的に共通する環境指標としての良い例である。そのようなアジア共通の環境指標を策定するためには国際的な話し合いの場の組織化が不可欠である。そこでは東北アジア、南アジア、東南アジア、そして西アジア地域の個別の社会経済的事情や技術的事情を勘案し、指標の策定を行う必要がある。しかし、今までですでにいくつかの機関や組織は国をまたぐ環境指標の作成を行ったことがある。新しい指標を作り出すためには、まず、それらの活動の実績調査から着手すべきではないだろうか。環境問題を取り扱っている政府機関やＮＧＯ、大学や研究所、ＡＳＥＡＮ、日本の地球環境戦略研究機関、南アジア地域協力連合、アジア開発銀行、世界銀行、国連等の機関は貴重な経験を持っているはずである。

アジア共通の環境基準策定は非常に困難を伴う作業である。しかし、アジア各国は固有の政策、優先順位、能力を持っており、環境基準の策定よりもその施行により大きな困難が伴うと思われる。それを考えると、環境基準の実施を効率的に行う国際的な機関が必要となるかもしれない。

（チョンラク・ポンプラサート、訳 福士謙介）

アジア地域全体の地理的な近隣者としての共同責任を

環境問題は、原則的にはそのかかわる内容によって当然に異なるスケールの問題として提起されることを認識しなければならない。例えば、一九五〇年代後半から一九七〇年代前半の日本で経験されてきた激しい産業公害の問題にあっては、大気汚染にしても、水質汚濁にしても、現象的には相対的に狭いローカルな地域における環境の問題（産業公害問題）であった。そして、その政策的な対応はその地域へ汚染物質の排出規制の強化と被害者への救済、さらには産業活動へ基盤強化支援を組み合わせるものとなっていた。

この時期における日本の環境政策は、ＯＥＣＤの評価においては高く、ある意味でのサクセスストーリとして世界標準として評価されたといえる。この日本の経験をどのように世界の国々とりわけアジアの国々に伝えるかは、日本の環境問題に関る関係者の使命として感じられてきてはいたが、実はなかなかうまくその実効を挙げ得ないで経過してきているのが実情である。

アジア地域における環境問題においてもそれぞれの問題に対してどのようなスケールの問題であり、どのような対応が期待されるのかを見ていく必要性があることが分かる。まず、第一に取り上げられるべき環境問題は、日本に見られたいわゆる産業公害型の環境問題である。このような環境問題については、おそらくそれぞれの国あるいは地域のレベルで、当然に対応が取られるべきである。そして、国際的な対応が必要であるとすれば、個別技術や政策誘導の手法の移転が求められることになる。

しかし、このような産業公害型の環境問題においても、実は、きわめて国際的な関心の下で対応が必要になっていることは、注意しなければならない。それは、そのような産業が生産した製品の貿易に関して、産業が対応すべき環境対策が国際的な関心の標準に照らして十分なものかどうかが問われる趨勢にあることである。ある意味での国際標準が、地域の政治、経済、技術等の特性を超えて、一気に個別企業の環境配慮に大きな影響をもたらしている実態が指摘される。アジアというような地域を越えた環境政策の必要性にさらされることになる。

産業公害型のローカルな環境問題を超える問題としては、酸性雨の問題に見られるような国境を越えての環境問題の影響がある。この国境を越える環境問題には、その他に有害廃棄物の移動、さらには汚染食物の移動の問題も指摘される。このような環境問題は、地理的な条件の中で制約付けられた関係の中で、あるいは貿易等関係の中で生起するものであるが、その対応には国と国の関係の中で対応が取られることになる。その際にも、国ごとの個別の環境対応基準と国際的な対応基準の関係が調整の必要な問題として指摘される。もちろん地球温暖化の問題やオゾン層破壊の問題は、まさに地球レベルの環境破壊の問題であり、このような環境問題は、アジアといった特定地域の問題を超えてまさに地球レベルの問題として国際的な対応が求められることになる。

このように考えると、本項の課題である、「アジア地域全体に共通する環境政策はありえるか」という課題は実は答えが難しいことが理解される。アジア地域に対応する一つの事例は、ＥＵにおける各種の環境規制の制定と各国での環境政策の関係にあると思われる。アジアにおいては、ＡＳＥＡＮ諸国の中での環境規制の調整、さらには東アジアサミット参加国における環境政策の調整、支援、実施、といった実績がＥＵにおける環境政策の立案、実施という先行事例にどのように追いつき、一歩先んじられるかがアジアという地理的な近隣者として生活するものの共同の責任として指摘されるところである。

（松尾友矩）

2――アジア地域全体にわたる環境情報の収集体制の確立を

アジアにおける環境情報、すなわち河川や海洋の汚染指標、都市における大気環境汚染度、土壌の汚染状況、水系感染症のアウトブレーク等の情報はきわめて限定的にしか公開されていない。また、環境情報の継続的提供、信頼性、客観性、広域性は多くの国々でまだ問題がある。これらの情報の整備に関してどのような仕組みが必要であるか、また、わが国はその中でどのような役割を担うべきか。

環境情報データベースの構築を

わが国とアジア地域の国々との間で人的および物質的交流が拡大した現社会において、アジア地域の環境情報を正確に把握することはわが国の持続的発展や安心・安全を保障するための国家政策を立案していく上で非常に重要である。もちろんアジア地域の国々の持続的発展も国々固有の環境が保全されて始めて可能となることは言うまでもない。したがって、アジア地域の環境情報はアジア地域の発展を支えるためのＯＤＡなどの援助による様々な取り組みを推進していくために必要不可欠な情報である。

筆者は文部科学省による新世紀重点研究創生プランの人・自然・地球共生プロジェクトのアジア・モンスーン地域における水資源の安全性に関わるリスクマネジメントシステムの構築の研究に携わり、メコン流域のラオス、タイ、カンボジア、ベトナムの水利用と病原微生物による感染リスクの評価の調査研究を四年間行ってきた。

この調査研究で痛感したことは、研究に必要な河川水、井戸水、貯留された雨水などの様々な水源、そして水道水や市販されているペットボトルなどの飲料水の微生物汚染のデータがほとんど整備されていないことである。ただ、データ整備も研究プロジェクトのひとつの課題と言えなくもないが、調査対象地域は四カ国の限られた地域に限定され、かつ調査回数にも限りがあることを考えると信頼性のあるデータを調査によって入手することは困難を伴うものである。そこで、これまで関係を培ってきた四カ国の大学のカウンターパートの協力を得て、出来る限りの微生物汚染の分析を行う一方、環境省や厚生省の政府機関とコンタクトをとり、限りあるデータの収集を行うこととなった。しかしながら、大学における分析機器の不十分さは否めないし、政府機関においては必ずしもデータがオープンになっているとは限らない状況にある。

研究プロジェクトを通じたこれらの経験は、アジア地域全体においておそらく共通の課題と思われる。アジアにおける河川や地下水などの水質、都市における大気汚染度、土壌汚染度、感染症発生状況などの環境情報は前述したようにアジア地域の持続的発展に必要不可欠な情報であることを考慮すれば早急なデータ整備が望まれる。整備のための取り組みは国際的に推進すべき課題ではあるが、わが国のアジアでの地位を考えるとこの課題に積極的にかかわっていくべきである。例えば、ＯＤＡによる援助はその多くが発展途上国の社会基盤の整備に向けられているが、アジア地域の環境情報収集のために使用することもひとつのアイデアではなかろうか。正確な環境情報のもとに社会基盤の整備を推進することはそれだけ地域の社会基盤を確かなものにすることにつながるものと考えられる。

また、地域の環境情報はそこに存在する国とその地域だけで利用されるデータとしてではなく、アジアの国々全体そして国際社会全体で共有すべきであり、国際的財産として位置づける必要がある。そのためには日本をはじめ国際社会が環境情報収集のためのプロジェクトを立ち上げ、得られた情報のデータベースを作り、データの管理そして公開をきちんと行える体制作りが望まれる。このことにより、国際社会全体での貧困や感染症など様々な課題への対策の取り組みに大きな貢献をすることになるものと思われる。

（大村達夫）

2—アジア地域全体にわたる環境情報の収集体制の確立を

環境情報の公開を

アジア地域における環境情報の整備はきわめて遅れている。その理由として、①環境情報を整備する目的が明確でない、②整備した環境情報が有効に用いられていない、③財政基盤が貧弱なため、環境情報取得のための費用を捻出できない、④環境情報を収集するための人材が不足しており、また組織・機関が発達していない、⑤国や地域によっては、公の資金で集められた環境情報でも、あたかも担当者個人の情報として秘匿され、場合によっては有料で提供するなど、公私の混同が見られる、などが挙げられる。日本において公的機関が環境情報を収集する目的は、法令に定められた環境モニタリングとして実施するためである場合がほとんどである。その他の例としては、独自の調査研究の一部として環境モニタリングを行うことがあるが、データの量としては圧倒的に法令遵守のためのモニタリングデータが多い。一方、開発途上国では環境基準が定められ、環境モニタリングが法令により求められていても、財政的な制約や、人的な不足から、定められた通りに実施されない場合が多い。たとえ実施されていても、分析方法が適当でない場合や、意図的に数値を改竄する場合、分析をせずに過去のデータから適当なデータを記入してしまう場合など、問題は山積している。これらは、分析技術の問題というよりも、実際に分析を担当する人たちのモラルの問題である。私の研究室でも、開発途上国の機関と共同で水質モニタリングを行う場合は、サンプルが取れなかった場合はもう一度やり直す、最終的にデータが得られなかった場合は、適当な数値を記入するのではなく、データが得られなかったと記述するべきであることなどを繰り返し確認する必要がある。結局のところ、アジア開発途上国において、最もまとまったデータが得られるのは、海外技術協力に関連して、ＪＩＣＡやＡＤＢなどが行う調査によって得られた情報であることが多い。環境モニタリングにも、ヒトとカネが必要であるというのが現実である。

それでは翻って、そもそもなぜアジア開発途上国で環境情報を整備する必要があるのかを考えてみたい。経済が急成長を遂げるアジア開発途上国では、工場の立地やダムの建設などに関連して、経済開発と地元の環境保護派との間で軋轢が生じている。これらの問題の背景には、環境データの不足や、環境プロセスに関する誤解がある場合が多い。このため、開発途上国における環境をめぐる対立を合理的に解決するには、環境問題に対するリテラシーを高める必要がある。環境情報の整備と公開は、国民に環境の現状を知らしめるとともに、国民の環境問題に対するリテラシーを高める効果も期待できる。日本は、環境に関する情報は原則として公のものであるという概念をアジア各国に広め、環境情報を、解釈し国民に伝えられるような人材を養成し、開発途上国の環境情報の取得と公開に貢献すべきである。

（滝沢　智）

3――環境工学に関するアジア地域各国研究者への日本政府による研究費の公開

日本学術振興機構、科学技術振興機構などのわが国を代表するファンディング・エイジェンシー（研究助成金配分機関）は積極的に海外の研究者を含んだ研究グループに大きな研究助成を行ってこなかった。これは、わが国の科学技術の振興という目的からすると一見妥当であるように思えるが、環境工学に関してはアジアの現場の研究が学術的に意義の高いものになることもあり得る。海外で研究フィールドを持つ多くの研究者は現地研究者たちとチームを組んで研究を行っている。わが国の研究ファンドをアジア地域の研究者に限定的でも公開する意義はあるのか。また、ＯＤＡによる環境研究とどのように差別化を図るのか。

長期的で継続的な研究支援を

様々な環境関連の海外研究協力事業が、政府開発援助ＯＤＡ（ＪＩＣＡ経費を含む）、日本学術振興会、科学技術振興機構、新エネルギー・産業技術総合開発（ＮＥＤＯ）などの援助により、ほぼ独立して、場合によっては並行して遂行されている。その是非はともかくとして、研究事業がうまくいくかどうかは、物的援助というよりは、長期にわたる人的交流がなされうるかどうかにかかっていると考えている。

もちろん、物的援助や資金援助を否定するものではない。上記の各種事業費を用いて様々な研究者交流が行われていることも承知している。しかし、多くの場合は年一回ほどのセミナー等の開催や短期の研究者派遣（あるいは受入れ）が主要な事業となっている。

筆者は、日本学術振興会によるマレーシアとの拠点大学交流事業の排水処理分野に二〇年余関わってきた。おかげで多くの友人ができたが、共同研究を実際に遂行することは実は容易でなく、セミナー等ではそれぞれの国での個々の研究者による研究活動を紹介する程度になりがちである。これは、短期の派遣で共同研究を行うことが難しいことにあわせて、こうした事業では共同研究のための費用（備品はもちろん消耗品費も）がほとんど出ないことによっている。拠点大学交流事業の場合は長期事業であることが救いではあるが、共同研究という観点からは予算的には無いよりはましぐらいであろうか。大きな事はできないため筆者の場合は、相手側実験室に対して私費あるいは寄付により資材を融通しながら現在も二件の共同研究を進めている。

事業にもよるので一概には言えないかもしれないが、要するに海外にファンドを供給しながら研究自体を続けていくことはなかなか難しい。今一歩進んだ事業としてＮＥＤＯによる途上国提案型開発支援研究協力事業がある。筆者もベトナムでの排水処理事業を手がけており、機材、設備の提供も可能であることは大変有難い。しかし、二年なりの事業終了後には機材のＮＥＤＯへ返却あるいは事業推進者による購入が必要であり、事業終了が縁の切れ目になりかねないと個人的には心配している。また、ＯＤＡでは物的支援とともに人的支援も行われるが、人的支援が打ち切られるとともに、機材もろとも事業が機能しなくなる例が多々あることは周知の通りである。近年どの事業においても、当然の事として事業評価は厳しく行われているが、事業後の研究交流のフォローアップの制度については従前からあまり進展は見られない。長期にわたって共に歩んでいける仲間こそが必要である。

海外の研究グループと共同研究することは今や通常のことである一方で、海外に研究助成を行うことは管理上難しいとはよく言われることである。しかし、本当に共同研究を言うならば相手側研究チームも資金なしにはできない。人的交流の実績が十分なところには、しっかりとした受け皿を育てて、予算の一部なりとも配分するシステムが必要である。

（尾崎博明）

アジアへの学術支援は日本によるリーダーシップで

わが国はＯＤＡとして少なくない額の金を海外に配ってきた。そこには欧米の同種のエージェンシーに見られる計算はあまりないように見受けられる。つまり、自国の利益をしっかり計算してそれに対する投資を計画的にするという考えが欧米のエージェンシーにはあると思う。使い方に関しては口も出せば、資金の打ち切りもある程度の期間であっさりしてしまう。もちろん国民の税金を使うのであるからそれが、正しい使い方であるとは思うが、受け取る側としてはなんとも使い勝手が悪い。親から「勉強のために使いなさい」と言われてもらう小遣いと、祖母からもらう（自由に使える）それとはうれしさが異なる。日本からの援助はもちろん二国間で協議の上決められたり、事前調査で必要となった場合に助成が決定されたりするのではあるが、その心は他の国よりもっと鷹揚であるとおもう。それはしばしば日本国民からは批判されたり、汚職の温床となったりすることはあるが、援助を受け取る国から見れば自由度の高い援助は、より効率的である場合もあり、うれしいことである。

大学等における研究とは社会における問題を解決するだけではなく、それに至る考え方の創出や問題そのものの定義などを行う。その作業は研究者の独創性によるものであり、他人から指示されたり教えられたりして出来るものではない。その意味で、研究に対する助成というのは、洋の東西、研究分野を問わずにその使途や助成期間において、ある程度のフレキシビリティがある方が効果的である。環境工学も学術領域のひとつであり、研究に関しては上記のような考え方が成り立つ。各国、各地域においての環境問題は様々であり、それは刻々と変わり、関係者（ステークホルダー）の利害関係も言語、宗教、考え方などが複雑に絡み合い、他国の人間では容易に想像できない。特に環境研究では関係者の関係が複雑で真の問題解決には独自の思考過程を創造することが可能であり、特に優秀な人材が不可欠である。

このような事情を考えると、反論はあるであろうが、わが国のＯＤＡの考え方は海外における研究費の助成という性質になじむものではないかと思う。外国からの資金で研究をすることに関しては、これは研究者にとっては研究活動を行うにあたって問題とはならない。研究を行うに際しては、自由な思考が妨げられなければ、それはどのような資金であってもかまわない。学術の世界には国境はないからである。金がある人間、会社や国など学術の振興に責任のある所から出せばよいのである。会社、個人などがよりよい社会に貢献するために存在すると仮定すると、それらすべてがその社会の中で広義における哲学を担う学術活動に対しての責任がある。ただし、それを受け取る人間も結果を囲い込むことはしないでほしい。特に工学や応用科学の場合、様々な新しい技術や考え方の多くは今までの学術的な知見や哲学に基づいて得られる場合が多い。知的財産権の保護という考え方はある程度理解できるが、環境研究に関してはこの種の財産権は公共のものであって良いように思うがどうであろうか。

（福士謙介）

4――国際研究活動の展開は難しいのか

国際的に研究活動を展開する場合、多くの制約が研究遂行の制約となる場合がある。例えば言語、文化・宗教、金銭感覚、食事、衛生観念、治安、身分制度など海外旅行などにおいても感じられるものから、大学教員の仕事範囲（アジアの国の大学教員は本業に匹敵または凌駕する収入のある副業を持っている場合があり、時間的制約がある）、研究プロジェクトに関する考え方の違い、学生と教員との関わりの違い、大学以外の研究機関機能、国の需要と学術的な価値のギャップ等、わが国の研究者が直面する違いは多い。

国際研究活動の問題点

インドの首都デリーから一五〇キロメートル北にカルナールという人口三〇万ほどの地方都市がある。いまそこの下水処理場で、筆者の研究室が開発した革新的廃水処理技術の大規模実証プラントが稼働している。技術の詳細は省略するが、インド政府環境森林省の河川環境保全局（ＮＲＣＤ）は、筆者らが開発したＤＨＳプロセスという新規の廃水処理技術に着目して、処理人口規模六〇〇〇人の大型実証プラントをインド政府自身の予算で建造して、二〇〇二年四月より運転を開始した。ＤＨＳプラントの建設に先んじて、ＮＲＣＤは三回にわたって調査団を長岡技大に派遣し、このＤＨＳ技術の設計ノウハウを吸収した。二〇〇二年一一月より今日まで四年間一五〇〇日にもおよぶ期間にわって、我々の研究室の院生らが数ヶ月ずつ交替で実験サイトである下水処理場に泊まり込みながら実証実験を遂行している。ここでは、この国際共同研究を遂行していく過程で遭遇したいくつかの問題点を紹介する。

最も大きな問題点は、研究予算の確保であった。本プロジェクトは、海外機関との共同研究の体制をとっているが、相手側が用意してくれたのは実験プラントの建造と運転までで、日本側の研究に関わる予算、すなわち学生たちの旅費・滞在費やモニタリングのための種々の機材と消耗品（おもに分析関係）等はもちろん我々日本側の持ち分である。しかし、研究助成の最大の供給源である科研費は、一般に、海外での実験を伴う研究活動は支援していない。例えば、科研費では、海外の共同研究相手機関への研究費送付は認めていないし、海外での備品購入も著しく制限されている。科研費には基盤研究「海外学術調査」というカテゴリーもあるが、現地での調査研究が主体で、本研究課題のような現地での実験研究の助成を対象にしたものではない。科研費以外の競争的研究資金に応募したが、二次選考時のヒアリングで審査員から「この研究課題は国際貢献に資する技術の開発」だからＪＩＣＡからグラントをとるべきだ、という甚だ的はずれな理由で落とされた経緯がある。しかし、ＪＩＣＡ自体は、技術移転の援助は管轄だが、研究機関への研究目的の支援はしないのである。そんなわけでこの四年間、あちこちの予算を何とかやりくりしながら、ほとんど手弁当のようなかたちで学生たちに苦労させながら現地で実証実験を遂行している状況である。

二番目の大きな問題点は、このように学生を長期で単独派遣することに対して、機関としてのサポート体制がまったく整備されていないことである。現状では、学生に何か不測の事態が発生した場合は、すべて教員個人の責任として対応せざるを得ない状況である。実際に、初めて学生を現地に一人で置いてきたときには、「この学生が、もし事件や事故に巻き込まれて重大事が発生したら…」と、思いながら私自身もクビを覚悟してのことであった。

今後ますます、アジア圏での環境保全技術や環境管理に関する国際的な研究活動の場が拡がっていくだろう。それにつれて、学生や研究者の派遣と受け入れの機会も飛躍的に増大していくものと考えられる。ここに記述したような、既存の枠組みでは対応しきれない多くの問題点を解決する仕組みを早急に整備してゆく必要を強く感じる。

（原田秀樹）

日本の水環境分野ＯＤＡのあり方はこれで良いのか

国別ＯＤＡ総額で、日本はアメリカに続いて二番目である。またＯＤＡの内容で、水に関する分野のＯＤＡ実績を見ると、一九九九〜二〇〇一年の三年で、三〇億ドルが利用され、そのうち約三分の一を日本が負担し一位であった。この額は、二位ドイツの三倍、三位アメリカの五倍、四位イギリスの六倍の額に当たる。水を中心として環境分野に、日本のODAの特徴が現れていることは、日本国民、納税者は納得している。地球環境問題とりわけ気候変動によって水分野は、今後ますます重要になる。しかし、ODAの成果を点検すると、いろいろと問題が指摘されている。日本が支援した、内容で灌漑、水道、下水道、発電、洪水対策などで、必ずしも成功しているわけではない。衛生対策は下水道方式のみで、その実施案件は限られている。その根本原因に、相手国からのリクエストに答える「要請主義」を取っているところに問題がある。

「要請主義」に基づくと、途上国側の必要度、必要とする技術の理解度が、要請の内容を決める。途上国はたくさんの問題を抱えていることから、必要度はどれを見ても高い。また解決のための技術導入では、自分の国の人材能力を超えた、高い技術導入を求めがちである。その結果、導入した技術を有効に生かせてない例が、多々見られる。この問題は、「要請主義」を取る限り必ずつきまとう。私の提案は、「要請主義」から「共同開発主義」に転換することである。相手国の技術者養成、背後には大学の技術協力の改善支援を含み、日本の技術者、大学と共同して、導入プロジェクトの検討、導入時の人材養成、技術移転、相手国の技術者養成が一貫して行える方式に変更するべきである。欧州諸国のODAを見ていると、日本のような厳密な「要請主義」ではなく、啓蒙的な活動を含めて、共同開発方法を行っている。日本は、早く「要請主義」から脱却すべきである。このことが可能なためには、日本の戦後の外交姿勢の転換が必要である。そしてその背後にある問題は、戦前に日本が行った植民地政策の反省からきた結果としての「要請主義」である、根深い外交姿勢がある。途上国から信頼され、パートナーとなり、真に相手国の発展に協力するために、「共同開発主義」が受け入れられるようにならなければならない。戦後六〇年経過したが、日本の平和外交政策は、残念ながら周辺諸国から理解を得ていない。平和外交の最重要課題の一つが、地球環境問題になっていることを、土木学会に集まる環境問題の専門家はもっと発言しなければならない。地球環境問題解決を平和外交の基礎に据えて、積極的に相手国のパートナーと一緒に汗を流し、真に役立つ、環境問題解決の方策を提案する必要がある。

（松井三郎）

5――国際移動する廃棄物の適切な管理を

廃棄物は同時に資源としての性質を持つ場合も多く、資源に乏しいアジアの国々では廃棄物の持つ有害性にはある程度目をつぶって資源を活用する場合が少なくない。また、わが国が関与する出来事としては、中国の古紙市場の活発化から日本において再生紙の原料が不足気味である、と報道されたことは記憶に新しい。アジアにおける廃棄物（資源）の適切な管理方法はどのようなものであろうか。

バーゼル損害賠償責任議定書の早期発効と有害物質の製品への使用制限を

一九九〇年代後半以降、日本から中国をはじめとしたアジア地域への再生資源の輸出が急増している。特に、高度経済成長を続ける中国では、旺盛な資源需要を国内供給で賄うことができない状況が発生し、鉱石や地金に加え、再生資源に対する輸入需要も増大している。

再生資源の貿易に関し、リサイクルできない廃棄物や有害な再生資源の越境移動については「バーゼル条約」によって規制されている。アジアの輸入国も、バーゼル条約の枠組に加え、再生資源の船積み前検査の義務づけや、輸入後に短期間で廃棄物となるような中古品の輸入を避けるための製造年による輸入規制などを行っている。

しかし、一九九九年のニッソー事件（日本からフィリピンへ、古紙の名目で医療廃棄物を含む廃棄物を輸出）や二〇〇四年の青島事件（日本から中国に輸出された廃プラスチックにリサイクル不可能な廃棄物が混入、中国政府が日本からの廃プラスチックの輸入を一時禁止）など、不法輸出事件は後を絶たない。また、輸入後のリサイクルの過程で十分な環境配慮がなされず、公害輸出を生む事例も存在する。中国の代表的なリサイクル拠点である広東省貴嶼鎮で二〇〇五年に現地の幼児に対して実施された健康調査では、八一・八％に鉛中毒の症状が見られたという。このように、再生資源貿易が拡大する一方で、不法輸出や不適正処理に伴う汚染や健康被害が問題となっており、現状に対処しうる国際的制度構築が求められている。

国際資源循環に関わる制度構築においては、再生資源の持つ「資源性（資源として有効利用できる可能性があること)」と「汚染性（不適正処理に伴う環境汚染のリスクが存在すること)」との兼ね合いが課題となる。「資源性」の活用による利益は、国際資源循環の推進者・実施者によって直接的かつ短期的に享受される傾向がある。一方、「汚染性」の発現に伴うリスクは、利益を享受しない人々に対しても、間接的かつ長期的に影響を及ぼす傾向がある。

不法輸出や不適正処理に伴う汚染リスクに対応するには、次の二つのアプローチが重要となる。第一に、「バーゼル損害賠償責任議定書」を早期批准・発効させる必要がある。この議定書では、有害廃棄物の越境移動と処分に伴って生じた損害に対する責任と補償の枠組として、輸出者（処分者）が無過失責任を負い、保険によって費用負担することなどを定めている。第二に、電気・電子製品に対する有害物質の使用を制限するＥＵのＲｏＨＳ規制のように、汚染の原因物質を製品の製造段階から排除する制度を、アジア地域においても確立する必要がある。

（山下英俊）

農産物の国際移動における拡大生産者責任は

当然のことであるが、あらゆる工業製品・農産物などはライフサイクルの長短にかかわらずいずれ廃棄物になる。すなわち商品は潜在的廃棄物である。生鮮食料品のように数日間で廃棄物になるものもある一方、建築物などでは建設廃材となるまでに数十年を要する場合もある。以前は海を渡り輸入される製品は、寿命の長い工業製品や保存食品等が中心であったが、近年の国際的な流通手段の発達に伴い、付加価値の高い工業製品に加えて消費期限の短い食品類までが大量に輸入されるようになってきた。さらに価格の高い製品にとどまらず、廃棄物もリサイクル原料として国境を越えて取引きされるようになっている。

ところで製品が廃棄物になったときに、その処理にまで生産者が一定の責任を負うべきだとする「拡大生産者責任」の考え方がある。国境を越えて「潜在的」廃棄物である製品が輸出入される場合にはこれをどのように考えれば良いのだろうか。ヨーロッパにおけるEU指令のように地域に共通のルールが存在する場合には考えやすいが、そのようなルールが無い場合や工業製品以外のものが移動する場合はどうだろう。身近な例として、わが国が近隣諸国から輸入する農産物などを例に取ってみる。例えば中国から農産物を輸入する場合、中国で作物に農地に施用した窒素、リン、カリといった肥料が日本に来ることになるそれが日本で消費された場合にはそれらの元素が都市ごみや下水汚泥として日本にとどまる。このように輸出国で大量に消費された肥料が輸入国に大量に蓄積されることは物質循環にアンバランスをもたらすので好ましくない。

これに類似した考え方として農産物の輸出国で使用された水を輸入国が仮想的に使用していると考える「バーチャル水」という概念がある。しかし農産物中の肥料の成分などはこれと異なり、物質として生産国に循環できうるものである。農産物が輸入された返り荷にコンポストが戻されるのが理想であるが、国内ではすでにこうした動きが外食チェーン等で行われている。食品廃棄物をコンポスト化して生産者である農家に還元されているのである。同様に日本と中国との間でも、一部では下水汚泥から作ったコンポスト等を中国に輸出して大規模農場で使用してもらうというビジネスも軌道に乗りつつある。いまやこの動きを拡大して、国際的に補完し合ってアジア地域でも肥料の循環を行うべき時に来ていると思う。

この考え方を一歩前進させて、「輸出した製品が廃棄物になった際に責任を持つ」という拡大生産者責任の考え方から、日本の食品廃棄物を海外での肥料として循環することはできないだろうか。わが国では食品リサイクル法により、生ごみ等のリサイクルが大規模排出事業者に義務づけられているが、日本国内では飼料やコンポストとしての需要は残念ながら限られている。そこで農産物を大量に日本に輸出している国の責任として、コンポストの受け皿となってもらっても良いのではないだろうか。ただしそのような国境を越えたコンポストのリサイクルを行いやすいような環境を作るため、コンポストの安全性の確保や輸出入のルール作りなどの点でさらに調整することは今後の課題である。

（北脇秀敏）

6――よりよい国際地域環境を支える人材育成を

地域の環境保全と環境の設計には正しい決断の出来る優秀な人材が不可欠である。国の発展と環境保全の両方を天秤にかけ、長期的かつ国際的な視野に立ち、地域の意見を受け入れつつ環境政策を施行するためには、基礎的な知識だけではなく経験豊かで独創性のある技術者・研究者の養成が不可欠である。

環境工学分野の国際地域人材育成を

現在、先進国による間接的な発展途上国への環境汚染が問題となりつつある。すなわち、発展途上国から先進国への主に第一次産業関連製品の輸出に伴う発展途上国の環境汚染である。先進国は、途上国の安い労働力と資源のみならず、その環境基準あるいは対策が十分でないことから環境保全費用を含まない安価な製品、その成果のみを輸入している。このようなことを続けて良いはずはなく、先進国はその環境保全対策費用を含めた輸入を行うべきであり、そのための技術的・人的協力も惜しんではならない。そのためにはまず、人的交流を十分に行うべきである。この人的交流においては、かつてのODAがそうであったような、日本からの一方的な援助であってはならないと考えられる。そのような、一方向の関係はとても交流と呼べるものではない。したがって、人的交流を継続的に行うためには双方が高いモチベーションを持つ必要があり、そのためにはギブ・アンド・テイクの関係が成立する必要がある。例えば、日本学術振興会の拠点大学方式研究者交流事業（耐熱性微生物資源の開発と利用、山口大学とタイのカセサート大学）について両国間のメリットを見てみると、タイ側にとっては、日本において最新の機器を用いながら共同研究ができ、また最新の研究手法（分析・解析手法なども含めて）を学べるという大きなメリットがある。一方、日本側としても「耐熱性」を持つ微生物を、タイ国の「熱帯」環境より探し出し、その有用な機能を利用しようとする大きなメリットがある。さらにはタイ側の大学より日本の大学への博士後期課程入学（留学）という点も、大きなポイントである。このようなギブ・アンド・テイクの関係を保つことで、継続的かつ効果的な交流が可能になると考えられる。

留学生・外国人研究者などの受入については、まず、メンタル的な問題（特に日本での生活面について）が挙げられる。実際にはこの点に関して、受入側の大学教員がほとんどタッチしておらず、地域のボランティア（あるいは大学組織内の国際交流担当の教員）に頼っている場合が多い。しかも受入教員がそのことを自覚していない場合がほとんどである。少なくとも受入教員がその自覚を持つことから始めねばならない。また、独自の互助ネットワークを持つ（山口大学でいえば中国人留学生のコミュニティがそれに該当する）国からの留学生はまだ良いが、少人数の国の学生はそのようなコミュニティを持っておらず、互助という面からもサポートが必要である。次に、日本人学生との扱いの差異に関する問題である。受入教員によって個人差があると思われるが、留学生を日本にまだ不慣れということから論文の（主に言葉の）修正等に関して（言葉は悪いが）ややひいきして扱い、不公平感を醸す場合があることに注意が必要である。月並みではあるが、受入教員の研究室内での留学生と日本人学生との常日頃からのコミュニケーションが重要である。

留学生・外国人研究者などに対する英語教育について、日本語あるいは英語のどちらかが十分にできる留学生であれば研究遂行上問題は少ないが、そのどちらも不十分な学生が、今後受け入れられる場合が出てくることが予想される。私立大学は言うに及ばず、国公立大学においても博士課程入学生の獲得競争が激化しており、社会人、留学生もその例に漏れない。したがって、特に地方大学においては今後、語学力が十分でない学生が受け入れられるケースが出てくるものと予想される。また、英語に堪能でも日本語ができない留学生に対する講義の体制（英語による講義体制）が十分である大学はまだ少なく、その点に関する早急な改善への取り組み（学科や学部などの個別の取り組みでなく、大学全体の取り組み）が求められる。

（今井　剛）

海外諸大学との環境工学授業の共有化の試みを

情報メディアにおける技術進展は様々な変化をもたらしているが、教育分野でもｅラーニングなどの新しい授業方法が検討されている。京都大学工学研究科では学内メディア専門家の協力を得て、環境工学の遠隔同時授業を進めている。このプロジェクトは文部科学省の教育助成プログラム（現代ＧＰ）に採択され、平成一六年から開始し、平成一八年度には工学研究科の共通英語科目の「環境工学特論Ｉ」（前期）、「環境工学特論II」（後期）として、連続的に開講する運びとなった。本プロジェクトは、マレーシアのマラヤ大学、中国の清華大学と協働して実施しており、それぞれの大学が講師および受講生として参加し、数千キロの離れた教室間で同時講義を実施している。

遠隔会議やテレビ電話などは今や一般的技術になりつつあり、同時遠隔授業もその延長線上にあると感じるかもしれない。しかし、現在も板書中心の古典的授業が一般的であるように、単純に最新ＩＴ技術を導入しても従前と同じ教育効果を発揮できない。講義は得てして退屈化しやすい学生をいかに講義に集中させるかが重要で、単純なビデオ再生のような一方通行的な講義や低画質の遠隔講義では、学生がすぐに緊張感を喪失する。とりわけ海外とのネットワークでは回線状況が悪化することが多く、通常のシステムで高精度でスムーズな映像・音声を安定的に配信・受信することが困難である。

このため、我々は通常のテレビ会議システムに加え、講義資料（パワーポイント）の遠隔操作、同資料の事前配布、録画済み授業ビデオ等々を組み合わせ、通常授業レベルの画像品質を保ちつつ、一方でフェイスツーフェイス的な臨場感を保つことを試みている。具体的には、テレビ会議システムを備えた三大学の各教室に学生が同時に授業参加し、これら教室のいずれかから講義を配信する（ホスト局）。その概要はテレビ会議システムで中継されるが、同時に講義資料遠隔操作・録画済み授業ビデオ活用などで、通常講義レベルの質を保持する。講義中の質疑は、テレビ会議システムを通じて行う。ホスト局以外でも担当者を配置し、それぞれでの補足説明等を行うとともに、学生に緊張感を保たせる。実際には、資料の準備状況（授業撮影ビデオの有無）、回線の状況などにより様々なパターンを平成一八年度の授業では経験した。依然試行錯誤の状態である。

多くの困難があるが、あえて海外大学と同時遠隔講義を試みているのは、いくつか理由がある。まず、本学の学生が、京大以外の海外の著名な研究者を知り、また学生と知己となることにより、その国際性を向上されることを期待している。また、環境工学はグローバルな話題であるとともにローカルな問題でもあり、他国での実情を知ることは重要である。英語授業であるので語学教育としての効果も期待している。また、海外大学に対して本学の研究教育を発信し、国際的ネットワーク強化の一部となることも期待している。さらに、現時点では不完全でも将来的な主要授業形態となること、また授業コンテンツをライブラリーとして将来整備することも視野に入れている。（藤井滋穂）

海外技術協力における水環境分野の人材育成を

日本の政府開発援助のなかで水分野は全ＯＤＡ予算の約二割を占め第一位の援助分野に位置している。技術研修（ＪＩＣＡ集団研修）事業は、日本の国立大学の法人化が進む過程で大学が直接の受け皿となるケースが急増してきている。対象は主に相手国政府の中央・地方省庁または公共団体に属して五年程度以上の実務経験を有するエンジニアである。修士修了者も含まれ、実務に直結する技術を学ぶ過程で、学生や教職員との交流を含めて異文化交流や多様性の理解が進み、帰国後にＯＤＡ関係の特別奨学制度にチャレンジして研修で学んだ大学に再び社会人大学院生としてもどる研修生もいる。最も大切な研修のアウトプットとは、友好的な相互理解と信用醸成が進展することにあると確信している。

多くの発展途上国において、水資源の確保および水環境保全が人間の安全保障に係わる大きな課題となっている。安全な飲料水の絶対的不足のみならず、適切な汚水処理をしないことに起因する水源の汚染進行といった悪循環に陥っている国が少なくない。水資源の持続的利用と環境保全を同時に行うためには、地域レベルの分散型の小・中規模な汚水処理と下水システムの段階的な導入から順次進めていく政策が基本的に必要である。

財政基盤が弱い地方で適用可能な小規模分散型の汚水処理と再生水循環利用システムを想定して、地方大学のキャンパスを一モデルとした実証研究プロジェクトに取り組んできた経験からの提案を以下に示す。低コスト、単純で容易な維持管理、省エネ、水資源の有効利用・節約、予防的地域環境保全の各面で基本的にほぼ期待された効果と実用性が確認され、発展途上国においても役立つモデルになると評価された。平成一一年に大学が実施機関となり「乾燥地における地域水環境管理コース」が開設され五年間の実績を積み上げた。平成一六年度からは、それまで「水資源・河川・地下水」、「水道」、「下水道」、「生態環境」の四分野が別々に実施されてきた研修内容を見直し、省庁間の分野別縦割り行政の矛盾点と無駄を解決する意図も含めて四分野を統合して「乾燥地における統合的水資源・環境管理」研修プログラムと改良して今日に至っている。日本の実践や経験に基づいたプロジェクト・サイクルに沿った総合的な水資源開発や環境管理計画の政策立案および評価の能力強化（キャパシティー・ビルディング）を目的としているが、到達目標は、次のとおりである。①日本の水分野におけるＯＤＡ政策と技術協力プログラムの仕組みを理解して、将来の協力の方向性と可能性についても検討できる適正技術を習得する、②総合的な水資源・環境管理のプロジェクト・サイクルに沿った計画策定や政策評価の手法を習得する、③自国の自然・社会・文化の特性に配慮した水処理技術および水管理技術の適用性を検討し、適正技術応用プロジェクトの企画とアクションプランを提案する。

計画から政策に係わる実務型の環境技術研修を行うプロセスを大学（院）教育プログラムと連携させる試みにもチャレンジしているが、異文化理解と知の冒険心が共鳴するレベルに達するまでにはさらなる試行錯誤が必要であると感じている。

（村上雅博）

第 2 章

日本の豊かな
環境設計のために

1――水環境の指標はこのままでよいか

水の汚染度、人の健康の保護、健全な生態系の保全等を表す指標として、利用目的に従ってそれぞれの基準値が設定されている。公共用水域の環境基準は、水質保全行政の目標として、水質等について達成し、維持することが望ましい基準を定めたものであり、健康項目（人の健康の保護）と生活環境項目の二つがある。この環境基準は昭和四五年に公害対策基本法に基づいて設定されたもので、平成五年からは環境基本法に引き継がれている。健康項目は設定当初からみれば大幅な項目の増加があったが、生活環境項目は平成一五年に新しく設定された水生生物の環境基準の全亜鉛を含めて一〇項目で、当初と大きな変化はない。一方、水道の水質基準は、人の健康に対する悪影響を生じさせない、および異常な臭味や洗濯物の着色など生活利用上の障害をきたさないという観点から設定されている。平成一六年四月、水質基準の改正がなされ、新しい水質基準が施行された。

有機汚濁指標はこのままでよいか

　有機汚濁指標は、河川が生物化学的酸素要求量（BOD）で、湖沼と海域が化学的酸素要求量（COD）である。このように水域によって異なる指標が使われているため、排水もこれと合わせて規制されている。このため有機汚濁指標に対する批判は多く、よって、BODとCODに分けて評価してよいのか、測定方法は両者ともこれでよいのか、対象物質もあいまいなので全有機炭素（TOC）の方がよいのではないか、CODを環境基準に取り上げている国はあまりない、など、三〇年近く正面から議論する機会はほとんどなかった。環境基準は行政上の目標としての基準であり、これに向かって施策が遂行されることになる。このため、環境基準は十分な科学的根拠が求められるのは当然で、容易に設定できないし、また簡単に変更もできない。しかし、科学が進歩し、研究が発展すれば、環境の物差しである環境基準を見直すのは当然である。環境省は、平成一七年から数年かけて生活環境項目を中心に見直しを行うという。最も多くの問題が指摘されているのがBODとCODで、特に後者の方が多い。有機汚濁指標は酸素が消費されることが問題であり、本来はBODのみでよかったのではないかと思われるが、湖沼や海域では、有機汚濁物質は生物体に変化しているので、ＢＯＤでは測定しにくい。このため湖沼と海域ではＣＯＤが選択されたのだと思う。このＣＯＤも過マンガン酸カリウム法ということで、測定法も問題の一つである。いろいろ意見はあるものの、ＢＯＤ、ＣＯＤ、ＴＯＣの長短を適切に比較した研究成果は意外に少ない。

環境基準の達成率は湖沼が五〇％で低迷していること、海域が最近やや改善がみられること、などに起因してＣＯＤに対する不信感が募っていることもあるように思う。しかし、ＣＯＤとＴＯＣは相関がかなり高いはずであるから、ＴＯＣに代えても環境基準の達成率は上がらない。

一方ＣＯＤは、東京湾、伊勢湾、瀬戸内海の総量規制の対象項目に入っており、着実に成果をあげている。このような背景のもとで有機汚濁指標の項目を変えると、水質規制行政を混乱させてしまう恐れがある。

当面はＴＯＣを有機汚濁指標の補助項目として基準化し、モニタリングを続けてデータの蓄積を待ってＣＯＤからＴＯＣに変更した方がよいと考えられる。（須藤隆一）

新水道水質基準はTOCを採用

公共用水域の環境基準項目のCODは、水道水質基準でいう過マンガン酸カリウム消費量である。過マンガン酸カリウム消費量の大きな水は、一般に、有機物の含有量が大きいことを示しており、水道水源に土壌に由来するフミン質を多く含む水やし尿、下水または工場排水が混入した場合に増加する。

水道においては、過マンガン酸カリウム消費量が水道水中の有機物指標として一〇〇年以上にわたって利用されてきた。しかしながら、過マンガン酸カリウム消費量は水中の有機物や還元性物質（被酸化性物質）を一定の条件下で酸化させるのに必要な過マンガン酸カリウムの量として表したものである。しかし、有機物の種類によって消費される過マンガン酸カリウムの量が異なること、過マンガン酸カリウムの濃度および反応時間によって消費される過マンガン酸カリウムの量が異なること、有機物以外にも過マンガン酸カリウムを消費するものがあること、滴定法により測定するため測定精度が低いこと等、その指標性や測定方法に関し種々の問題点が指摘されていた。しかし過マンガン酸カリウム消費量が水道水の有機物指標として長年にわたって使用された背景には、人の健康に関する指標ではなく、浄水プロセスの処理性の判断、概して有機物の多い水は渋味がある、あるいは有機物の量が多いと消毒に用いる塩素の消費量も大きくなり、その面で水の味を損なうことになるなど快適性の観点から重要であり、精度の高いデータが必要でなかったことによると考えられる。

しかしながら最近、有機物指標として新たな役割を付け加えることになった。人の健康に影響を及ぼすトリハロメタン等消毒副生成物の前駆物質としての有機物指標である。また、有機物は細菌の栄養源となることから給配水管での再増殖のコントロールする上での衛生指標である。このような状況から、新基準の見直しを契機に、「過マンガン酸カリウム消費量」に代えて「TOC」を採用することとなった。TOCは、有機化合物を構成する炭素の量を示すものであり、その表すところが明確である。さらに、TOC計による測定手法は、水中の有機物を物理的あるいは化学的に完全に酸化分解して二酸化炭素とし、これを赤外線スペクトルで定量するもので精度の高い測定を行うことができる。実際、モデル化合物を用いた試験結果によれば、過マンガン酸カリウム消費量では理論値を大きく逸脱するとともに、逸脱の仕方も化合物により大きく異なっているのに対し、

全有機炭素ではいずれの化合物においても理論値に近い値が得られている。（秋葉道宏）

糞便汚染の指標は必要か

水の環境基準、排水基準の見直しの議論の一つに大腸菌群がある。大腸菌群は環境基準が定められた当初から生活環境項目の一つに取り上げられ、河川ＡＡ、Ａ、Ｂ、湖沼ＡＡ、Ａ、海域Ａに基準値が定められており、その数値は一〇〇ミリリットル中五〇～五〇〇〇個である。排水基準は三〇〇〇個／ミリリットルである。大腸菌群は、乳糖を分解して酸とガスを発生する無芽胞の桿菌と定義され、最確数法（ＭＰＮ法）によって計数されるが、人畜の腸管に生息する大腸菌群以外に土壌等に生息する類似の数種の細菌も含まれている。

しかし、それが水中に存在すると、通常その水が人畜の糞便で汚染されているとみなされる。このため、その水は消化器系病原細菌により汚染されている可能性を示すことになる。水中の大腸菌群の検出法は比較的容易であり、環境基準にはＭＰＮ法（ＢＧＬＢ発酵管を用いた最確数法）、排水基準にはデソオキシコール酸塩培地による平板培養法が用いられている。大腸菌群が未検出であれば糞便汚染はないとみなされ、大腸菌群の衛生学的指標の意義はきわめて大きい。

公共用水域測定計画のなかで、大腸菌群の測定は続けられているものの、水環境の評価や対策のなかで測定結果があまり活用されていないのが現状である。その大きな理由は、環境基準の超過率がきわめて高い（河川ＡＡでは八〇％以上、湖沼ＡＡでは三〇％以上）こと、大腸菌群に非糞便性の細菌がかなり含まれており、その割合が検体によって著しく異なること、大腸菌群より抵抗性の強い病原体がかなり存在（ウイルスおよび原生動物など）すること、などにより、衛生学的指標としての役割を果たしていないのではないかとみなされるようになってきたからである。しかし、水浴場の水質測定では糞便性大腸菌群が採用され、また水道の新しい水質基準では大腸菌が測定されるようになり、大腸菌群あるいは大腸菌検出の衛生学的意義は薄らぐどころかかえって重視されていると考えられる。特定細菌の検出技術も進歩しているので、検出方法と合わせて基準値を見直す必要があることはもちろんであるが、水環境評価のなかで初心にかえって糞便の汚染指標（腸内細菌）を環境基準・排水基準の重要項目としてモニタリングは続けられるべきである。

（須藤隆一）

ウイルスへの新しい対応を

二〇〇六年の秋、新聞とテレビは、ノロウイルスの話題で持ちきりであった。感染患者数が例年になく、早く多く報告されていたからである。ノロウイルスの感染経路は、単純ではない。食べ物や水とも限らない。科学技術が発達したこの社会の中でこのような古典的な疾病が広がっている。この古くて新しい病原微生物による病気の不安は、豊かで安心な社会を脅かす要因の一つである。この病原微生物に対し、社会システムとして十分に対抗できなければならない。

人の感染症とウイルスの関係の歴史は長い。一部のウイルスについて、我々はそのリスクを抑えこむことに成功している。ポリオウイルスはその例である。しかし一方、毎年のように新しいウイルスが出現し、ウイルスに関する必要な情報と知識は拡大を続けている。例えば、経口感染の代表的なウイルスである小型球形ウイルス（ＳＲＳＶ）と呼ばれていたノロウイルス（Norovirus）が、二〇〇三年に国際学会でその名称を与えられてからまだ三年少々である。常に新しい情報と知識が必要である。

一九八五年前後のＰＣＲ（ポリメラーゼ連鎖反応）の発明（概念の実用化）に始まり、微生物の水中からの回収方法や濃縮方法の革新的な展開なども加わり、分子生物学的なウイルス検出法はめざましい発展を遂げつつある。ウイルス、特にノロウイルスのような細胞培養ができない腸管系ウイルスが、定量的に検出できるようになってきた。それに伴い、実測データが大量に蓄積されつつある。対象は、屎尿、下水、下水処理水、水道原水、井戸水、水道水、河川水、沿岸海水、各種水処理水など広範囲に及ぶ。

歴史的展開を見ると、定性的な（陽性か陰性か）ウイルス検出手法から、細菌指標やバクテリオファージによるウイルスの挙動類推の時代へ、さらに、遺伝子情報に基づく分子生物学的な検出の時代へと動いてきている。ウイルスではないがクリプトスポリジウムのような原虫も大きなリスクとなっている。これらの新しい知見に基づき、大腸菌群の感染リスクの指標としての効用と限界なども明確になってきた。行政政策や水処理技術手法として、ウイルスを含む健康関連水中微生物の指標をどのように構成するべきであるか、専門家の知恵が試されているといえる。

日本のこの分野での研究の進展は大きなものがあり、世界への様々な貢献も果たしている。しかし、地方自治体での衛生行政組織の整理縮小が続いているとも聞いている。水中のウイルス対策は、上水道、下水道、保健衛生の制度をはじめとして、社会の基本的な公共的システムに強く依存している。国から地方まで、更に国際的な連携も加えて、対応しなければならない事業であり、より強化しなければならない行政領域である。個々の感染症はそれぞれその感染経路、感染機構が異なり、感染症をひと括りにした議論はできないが、学術横断的な、あるいは行政分掌を超えた、研究と対策の立案ができる制度の設計が必要である。この総合的な設計において、環境工学の役割は大きい。

また、感染症の対策は、鳥インフルエンザやSARSでも明らかなように、国境を易々と越えて広がる。人の移動、物資の移動などすべてが地球規模で動く時代に、病原微生物対策は一国の中の課題ではない。先進的な研究実績のある日本が、日本を含む国際環境地域としてのアジア地域で、改めて貢献するよい課題になるはずである。日本が、病原微生物に関する先進的な知見の創造、各種基準の制定、技術開発、行政システムの構築、産業の創出を促進し、日本からアジアに、また、世界へ提供できれば、新しい国際

貢献の地平を拓くことになる。（大垣眞一郎）

水生生物の生活環境をどう守るか

環境基準達成率に見られるようにわが国の水域において河川を中心に水質は回復しつつある。また達成率に改善がみられない海域や湖沼において富栄養化問題はいまだ深刻であるが、様々な水質保全対策により負荷削減が進み、悪化が食い止められている。しかし、水質改善によって期待された水生生物の回復は芳しくなく、むしろ生物多様性の低下が目立ち、水環境全体としては思わしくない状況にあるとも言われ始めている。

その理由としてまず考えなければならないのが水質であり、平成一五年一一月の環境省告示によって、全亜鉛について「水生生物の保全に係わる水質環境基準」の設定がなされた。人の健康の保護、生活環境の保全を目的とした環境基準において、これまで水生生物に関しては水産生物だけが直接的な保全の対象とされてきた。しかし、平成五年に海域における全窒素および全りんに係る環境基準が設定され、「生物生息環境保全」の目的において新たに海域の底生生物が保全の対象に拡大された。そして今回、地域を限定せず、水生生物全体を対象とした環境基準が新設されたことで、環境基準は、公害、有機汚濁、富栄養化の防止から、共生の実現のための基準としてあらたな段階に入った。欧米諸国ではすでに一九七〇年代より水生生物保全の観点から環境基準等の水質目標が設定されており、項目的にも充実している。一方、わが国の「水生生物の保全に係わる水質環境基準」は全亜鉛の一項目のみであるが、環境基準設定にあたっては優先的に検討すべき物質として八一物質が提示され、その中で環境中濃度が高く、かつ水生生物に影響を及ぼすレベルについて十分な知見が得られた八物質については水質目標値の検討・導出が行われた。水生生物の保全にむけては、より一層環境基準の充実化が必要であろう。

また、類型指定のために必要な生物の生息状況に関する資料は、水質の測定結果に比べてあまり蓄積されていないのが現状であり、多くの水域について生物関連の資料を速やかに集める必要がある。水生生物の生息には水温、水域の構造が大きく関わり、魚介類の生息状況、産卵場および幼稚仔の生息の場に関する情報も必須である。すなわち水生生物の保全のためには、様々な生物の生活史を考慮した情報を集め、環境基準に追加すべき項目も含めた水質モニタリングをしっかりと進めていく必要がある。ただし、環境中に放出されている多種多様な化学物質をモニタリングしていくことには大変な労力を伴い、また複合的な影響（相乗効果）などを考慮すると、化学分析によるアプローチ自体にも限界がある。

一方、生物側からみても情報の整備は容易ではなく、何かしら指標となる種に着目したアプローチが必要となろう。したがって「水生生物の保全に係わる水質環境基準」を充実化させる方法としてバイオアッセイの有効な活用が望まれ、また分子生物学を駆使した新たな方法の開発にも期待したい。

環境基準の設定によって水質面での水生生物保全対策を進めていくとともに、開発による場の喪失・劣化や管理放棄等による里山、里海の荒廃、競合する外来種にも対策を取っていく必要がある。すでに自然再生や生物多様性保全のためのビオトープの創出、外来生物の駆除など法律が整備されたので、水生生物を守るために多様な手段を活用した対策が可能となってきている。

さて、水生生物の生育・生息をおびやかす要因が開発、採取・乱獲、環境汚染、管理放棄、競合など様々であるので、それらに対応して様々な施策を講じていくのは一見合理的なのだが、要因別のアプローチでは効果が薄い、あるいはかえって生物がすみにくい環境にもなりかねないことに注意しなければならない。生物は上記のような人為的な要因に加えて、様々な自然的要因（水温、気温、塩分、底質性状、波・流れ、自然の攪乱等々）に制限され、かつ種内・種間の生物間相互作用によって影響を受けている。したがって人為的な要因の改変が自然的要因にも影響を及ぼす可能性は高い。すなわち水生生物の生育・生息はシステムとして成立しており、それをふまえた総合的なアプローチのためには、生物の視点でハビタットに着目しながら生物種の空間分布とその分布の制限要因の関係性をとらえていく方法が有効である。また、複雑なシステムである生態系への理解を進めていくためには、生態学、生態工学の発展が必要不可欠である。ただし、学問の進展を待つのではなく、実際に保全を進めながら、順応的管理をしながら慎重に進めてく中で、知見を蓄積し、研究を行うという対策と研究のキャッチボールが必要である。

最後に、水生生物の保全はLocal Optimumであり、環境基準のようなNational Minimumをベースとするものの、地域、流域などの単位で関係者・関係機関の合意と密接な連携のもとに進めなければならない、まさに総合的なアプローチが必要とされるものであることを強調したい。

（西村　修）

2――微生物の開放系利用を

微生物は、環境工学分野の中で環境汚染物質分解に幅広く利用されてきた。特に活性汚泥法は有機物分解のための最も一般的な微生物を利用した処理法であり、約一〇〇年の歴史を有している。活性汚泥法は敷地内に建設された処理装置によって行われ、大部分の微生物は半閉鎖系の反応槽内にとどまる。一方、近年その例が多くなってきている土壌汚染浄化でも微生物が利用されるが、微生物による分解は汚染のある原位置で行われることが多い。これは汚染物質の濃度が低く広範囲にわたっているため、汚染物質を含有する土壌の移動は難しいためである。このような原位置処理の場合、微生物はいわゆる開放系で利用されることになり、人間と接触する確率は高くなる。そこで、微生物を取り扱う新たな基準が必要になる。

微生物の環境適用における安全性を

カルタヘナ議定書の批准に対応して、環境省、農林水産省、文部科学省、経済産業省などが協議しながら国内法の整備を行っている。本議定書では組換え生物の環境適用（開放系利用）が対象となり、栽培による生態影響やバイオレメディエーションにおける環境影響などが議論されている。しかし、微生物の場合、一般の人からみれば非組換え菌であっても、環境に適用した場合に、それが人体や生態系に影響を及ぼさないかが関心の的となる。もちろん、活性汚泥やコンポストなどのように、古くから安全に使用してきた歴史を持っており、取り立てて安全性を問題にしなくてもいい場合もある。

しかし、汚染された土壌・地下水や石油汚染海域の浄化・修復に微生物を適用する場合、局地的に大量の微生物を導入するために、その影響を明らかにしてから使用するように求められることがしばしば起こる。これは、微生物が人や環境に悪影響をもたらすのではないかという心配からで、まして組換え菌ではもっと大きな問題となる。

ヨーグルトや納豆のように、微生物を培養した食品を平気で食べる人でも、いくら自然界に普遍的に存在する微生物で、安全であると説明しても、環境に適用する場合には危険視する。これは、ヨーグルトや納豆は人との接触が長く、安全であるという信頼（ファミリアリティ）があるためである。

では、環境適用で一般市民が不安に感じる理由はなんであろうか。まず、たとえ非病原菌であっても、今まで聞いたことのない名前（ファミリアでない）である不安、導入した後でどうなっているかを追跡しようとしても見えない不安に加え、研究者が微生物の安全性（残存性、DNAの伝播、生態系への影響など）に関する研究を怠り、導入した微生物のリスクをきちっと説明してこなかったことも原因ではないか。このことは、微生物を積極的に導入して環境修復を実施するときの大きなハードルとなっている。これを単にリスク・ベネフィット論で片付けるのではなく、科学的に導入微生物や遺伝子の挙動（消長）を解明し、市民にリスク・コミュニケーションを取っていかない限り、納得されず、いつまでたっても微生物の環境適用は前に進まない。しかし、企業にこれを課すのはあまりにも大きな負担となるため、やはり大学等の研究者が最先端の技術を駆使し、導入菌の挙動、人や生態への影響などを学問として明らかにしていく必要がある。

（藤田正憲）

開放系での微生物利用の現状は

微生物の開放系利用は、平成五年頃、特に日本においては前例がほとんどなく、その利用は慎重にならざるを得なかった。そこで、経済産業省（当時は通商産業省）主導の下、国家プロジェクトによってその技術の有効性、安全性が確認された。このプロジェクトは土壌汚染等修復プロジェクトと名づけられ、（財）地球環境産業技術研究機構（ＲＩＴＥ）が取りまとめ役となり、平成七年度より平成一二年度まで六年間行われた。このプロジェクトでは、土着微生物を活性化させるバイオスティミュレーションおよび特定の微生物を注入するバイオオーグメンテーションが実施され、それら技術の有効性、安全性が確認された。このバイオオーグメンテーションで利用された細菌は汚染現場由来のものであった。

このプロジェクトでは開放系での特定微生物の利用が実施されたが、プロジェクト実施中の平成一〇年には、土壌浄化分野での特定微生物の利用に関して二種類の指針が存在した。一つは環境省による「地下水汚染に係るバイオレメディエーション環境影響評価指針」、そしてもう一つは経済産業省による「組換えＤＮＡ工業化指針—第二種利用」

であった。しかしながら、二種類の指針に対応するのは事業者にとって負担であり、産業界からの要望を受けて、経済産業省と環境省、合同で指針の取りまとめが行われ、「微生物によるバイオレメディエーション利用指針」として告示された。[1] 本指針の体系図は次頁のとおりである。[2] バイオレメディエーションのうち、バイオオーグメンテーションを実施しようとするものは、浄化事業計画が本指針に適合しているか否かを判断する必要がある。判断は事業者自らが行うか、経済産業大臣・環境大臣に指針適合確認を求めるかのいずれかの選択をすることになる。

指針の内容は、以下のとおりである。

①浄化事業計画の作成：事業者は、浄化事業の実施に当たって、あらかじめ浄化事業の内容および方法を盛り込んだ「浄化事業計画」を策定する。②生態系等への影響評価の実施：事業者は、浄化事業の実施に当たって、あらかじめ必要な情報を収集して、科学的かつ適正な生態系等への影響評価を実施し、その結果を記載した「生態系等への影響評価書」を策定する。

③浄化事業の実施：事業者は、生態系等への影響評価を踏まえた浄化事業計画に従って、

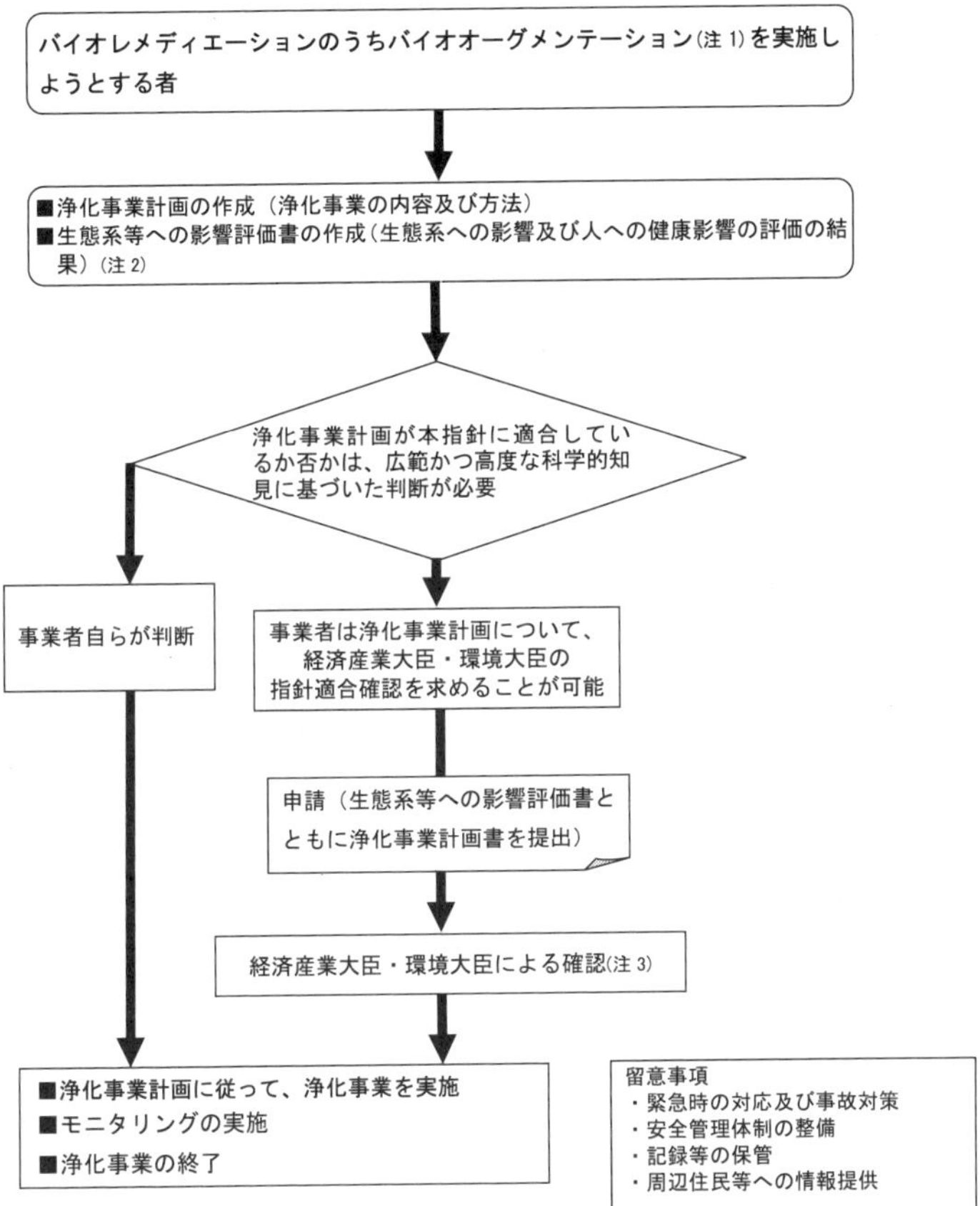
バイオレメディエーションのうちバイオオーグメンテーション(注 1)を実施しようとする者
■浄化事業計画の作成（浄化事業の内容及び方法）
■生態系等への影響評価書の作成（生態系への影響及び人への健康影響の評価の結果）(注 2)
浄化事業計画が本指針に適合しているか否かは、広範かつ高度な科学的知見に基づいた判断が必要
事業者自らが判断
事業者は浄化事業計画について、経済産業大臣・環境大臣の指針適合確認を求めることが可能
申請（生態系等への影響評価書とともに浄化事業計画書を提出）
経済産業大臣・環境大臣による確認(注 3)
■浄化事業計画に従って、浄化事業を実施
■モニタリングの実施
■浄化事業の終了
留意事項
・緊急時の対応及び事故対策
・安全管理体制の整備
・記録等の保管
・周辺住民等への情報提供

※バイオスティミレーション(注 4)については、本指針の考え方を参考にしつつ、事業者自らが適切な安全性の点検を行い、適切な安全管理のもとに実施。

(注 1)外部で培養した微生物を導入して環境汚染の浄化をする手法。

(注 2)個別に場所を限定しなくても、浄化事業の適用条件を想定した上で浄化事業計画の作成及び生態系等への影響評価を行うことが可能。

(注 3)確認を行う際は、学識経験者の意見を聴く。

(注 4)浄化場所に生息している微生物を活性化して環境汚染の浄化をする手法。


微生物によるバイオレメディエーション利用指針の体系図 [2]

適切な安全管理のもとに浄化事業を実施することとする。

④国による確認：経済産業大臣および環境大臣は、事業者の求めに応じ、事業者の作成した浄化事業計画が、本指針に適合しているか否かについて、確認を行う。

本指針において、事業者が最も負担に感じているのが、生態系等への影響評価である。原因は、標準法といえるような具体的な評価法の見本が存在しないためである。環境分野の研究者、技術者は、今後、専門家として具体的な評価法を立案、検証し、提示していくことが求められるであろう。

（中村寛治）

3——生態系への影響評価を

前節で述べたとおり、経済産業省と環境省からの指針発表を受けて、特定の微生物を開放系で利用するための環境は整備されつつある。しかしながら、重要な問題が残されている。それは生態系への影響を評価する標準法の不在である。利用する特定微生物自体の安全性評価は、既存の資料（病原菌や日和見感染菌のリスト等）によってある程度把握することは可能である。しかし、生態系影響を評価する手法、あるいは概念といったものは存在せず、申請する企業への大きな負担となっている。また、生態系の中の微生物生態系一つを取って見ても、安定しているわけでなく、常に変化していることから、どのような基準や考え方により評価したらよいかも不明である。それゆえ、環境分野の技術者が具体的な事例を基に、その道筋を付けていくことが求められている。

組換え生物の生物多様性への影響評価を

農業、食品、工業、環境分野において、種々の組換え生物が創製され、除草剤耐性、病虫害耐性、ウイルス耐性の組換え植物、また低温発酵性組換えパン酵母、酵素製造、医薬品製造、窒素固定能を強化した組換え微生物等が実用に供されるとともに、環境浄化を目的とする組換え微生物が創製されている。しかしながら一方では、エンドトキシンを導入した組換えトウモロコシの標的外生物への毒性、組換え遺伝子の野生植物への定着性等に起因する組換え生物のリスクが大きな関心事となっている。とりわけ二〇〇三年九月に生物多様性条約のなかでカルタヘナ議定書が国際発効し、これに伴いわが国において「遺伝子組換え生物等の使用等の規制による生物多様性の確保に関する法律」が二〇〇三年六月に公布され、二〇〇四年二月に施行された。これまでわが国では、組換え生物の開放系利用のリスク評価に関しては、ヒトへの毒性に関するものが中心であったため、生物多様性への影響評価に関する知見がほとんどないのが現状である。現在評価に必要とされる項目は、

微生物に関しては、①他の微生物を減少させる性質、②病原性、③有害物質の産生性、④核酸を水平伝達する性質

植物に関しては、①競合における優位性、②有害物質の産生性、③交雑性

であるが、具体的な手法が確立していない。

特に、生物多様性への影響において研究がほとんどなされていない重要な評価項目と考えられる導入遺伝子の環境中における他の生物への移行の頻度とその機構を検討することが求められている。

微生物間における遺伝子の移行は、自然環境中では形質転換、接合、形質導入を通して行われ、多くの微生物間で確認されている。遺伝子の移行に及ぼす因子として、栄養

塩類、無機塩類の濃度、受容菌の種類と濃度、供与遺伝子の濃度等が知られている。また、遺伝子の移行には遺伝子の伝達能の存在も重要な因子であること、遺伝子の取込みは受容体微生物の性質により大きく左右され、貧栄養状態や環境の悪化に伴い、適応性を高めるために遺伝子を取りこみやすくなる微生物が知られていること、微生物細胞の増殖時期、温度、ｐＨ、有機物濃度、ＤＮＡ遺伝子の水環境および土壌環境中の微粒子との結合による遺伝子の安定性も大きく関与している。このように、遺伝子の移行に関しては多くの要因が関与していることが知られているが、未解明の部分が多く今後のさらなる研究が必要である。

これらの研究を遂行するうえで、微生物のマーカー遺伝子として、緑色蛍光タンパク質遺伝子や赤色蛍光タンパク質遺伝子の活用による対象微生物の挙動解明、野生型遺伝子と区別できる人為的に一部を改変した遺伝子の作成とモニタリングへの活用、微生物影響評価のためのＤＮＡ抽出─ＰＣＲ─ＤＧＧＥ解析法の活用、遺伝子の移行を調べるフィルター法や液体培養法開発・活用が期待される。

（矢木修身）

土壌浄化での生態系影響評価は

微生物によって汚染土壌を浄化する技術をバイオレメディエーションというが、バイオレメディエーションには大きく分けて二種類の方法がある。一種類は、土着の微生物を活性化させて浄化を行うバイオスティミュレーション、もう一種類は、特定の微生物を土壌に注入し処理を行うバイオオーグメンテーションである。バイオスティミュレーションでは土着の微生物が利用されるため、浄化作業によって微生物生態系をはじめとする生態系が破壊されるという心配は少ない。実際、これまでに油あるいは有機塩素化合物に対して数多くのバイオスティミュレーションが国内外で実施されているが、生態系の破壊が危惧されるような問題は起きていない。しかしながら、バイオオーグメンテーションでは特定の微生物が、大量に土壌・地下水中に注入されるため、微生物注入が微生物生態系に及ぼす影響を評価することが求められる。

バイオオーグメンテーションでは注入された特定微生物がその環境中で定着し、長期にわたって分解能力を発揮する場合と、注入する微生物の定着は期待できないが、汚染物質分解酵素が一定期間分解を行う場合がある。ここで示す事例は後者である。バイオオーグメンテーションのような開放系での特定微生物の利用に当たっては、まず利用する微生物が安全であり、もし地下水を通じて人間の口に入ることがあっても問題ないことが前提である。加えて、地下水中に注入された微生物は、分解反応終了後、速やかにその濃度が減少し、既存の微生物群集に長期にわたって影響を及ぼさないことが、微生物生態系保全の観点から望まれる。

日本で初めて実施されたバイオオーグメンテーションの実証試験は、(財)地球環境産業技術研究機構（ＲＩＴＥ）が取りまとめ役となった「土壌汚染等修復プロジェクト」の中で行われ、特定微生物として大量のトリクロロエチレン（ＴＣＥ）分解細菌が注入され、ＴＣＥが分解された。その際、注入が微生物生態系へ与える影響を評価した。具体的には地下水中の微生物群集構造に及ぼす影響について16S rDNAを基にした分子生物学的手法により評価した。微生物群集構造の解析には、Terminal Restriction Fragment Length Polymorphism（Ｔ‐ＲＦＬＰ）を利用した。Ｔ‐ＲＦＬＰは16S rDNAをＰＣＲ増幅する際、5′末端側のプライマーを蛍光標識し、増幅ＤＮＡを制限酵素で切断後キャピラリー電気泳動によって分離、蛍光標識された5′側断片を検出する手法である。

異なる種類の微生物は異なる長さの5′側断片を生成するため、検出ピークによって菌種の分別・検出が可能となる。[3]

T‐RFLP解析の結果、注入井戸では、注入前に優占種であった微生物が、TCE分解細菌注入時には排除されるが、その後再び優占種となることが明らかとなった。また、回復のプロセスをさらに詳細に調査すべく、T‐RFLPのデータを統計的な手法（多次元尺度法）で解析した結果、既存の微生物群集構造は特定細菌の注入によって一時的に大きな影響を受けるが、その後変化を繰り返し、最終的には元の群集構造に近づくことが明らかとなった。[4]

このように、DNA分析を基にした統計処理を伴う新しい手法により、特定細菌の注入が現場の微生物生態系へ与える影響を評価できることが明らかとなった。このような現場での生態系影響評価は、事前評価として行うには、費用・期間の面で企業に多くの負担を強いることになる。それゆえ、今後はこの成果を踏まえ、室内実験によっても現場での生態系影響を評価できる手法の開発を行っていくことが必要である。（中村寛治）

4――都市社会基盤と自然の共生

都市に住む人間は心の憩いを求めて水と緑の空間を身近に求めるようになる。こうした要求に応えるため、都市社会基盤の一部に工夫を加えることによって、水と緑の空間を整え自然との共生を演出することは可能である。しかし、人間と自然の本来の意味における共生の課題は、都市空間の中でということでなく、都市をとりまく農地や林地の生産緑地、さらにその外部に存在する自然生態系の領域までを含めて考えていくことが必要である。そしてこの課題は生物多様性の議論を踏まえて取り組むべきものと思われる。都市と生産緑地の領域でいかに人間活動を集約し、自然生態系との接点をどのように上手に設計していくのかが、二一世紀の環境工学に託された重要課題である。

人間と自然の共生関係の再構築に向けて

都市は、種々の産業、情報が集積し、多くの富を生み出す場所である。必然的に人口が集中し、かつては劣悪な環境が都市の大きな問題となっていた。産業の原動力となるエネルギーや物品を効率的に配送し、人力を適正に配備し、これに情報サービスを組み合わせることにより、高いレベルの都市活動が営まれる。こうした都市活動を支えるため都市社会基盤施設の役割はきわめて大きい。

都市の住民は、一般に自然環境から切り離された都市空間に住まざるを得ないが、自然と触れあえる潤いのある生活を一方で強く求めている。こうした都市生活者に自然との触れあいの場となる水と緑の空間を、水質の改善された都市河川や緑豊かな公園という都市社会基盤によって提供することができる。都市域における生物生息域の質の向上という観点からは、公園の緑の空間を結ぶ緑道や河川空間のコリドー（回廊）の役割が考えられる。さらには屋上空間の緑化やビオトープの演出など、都市住民と自然の共生を図る数々の施策が考えられる。

現代において自然との共生を図る場合、生物多様性の確保という概念を踏まえて自然生態系の保全にどのように取り組むかということを考える必要がある。自然生態系の保全という課題に取り組むためには、これに対峙する人間活動、都市活動の制御が求められる場合がある。都市に集約される人間活動は、食料や木材資材の生産消費を伴うことから、都市を取り巻く生産緑地での活動も含めて完結する。こうした人為の領域に対しても、自然系からは清浄な空気や水資源の供給の恩恵が与えられてきた。しかし、これまで人間活動の伸張は、都市域の拡大、それに伴う生産緑地の拡大により自然生態系の領域を随分と侵略してきたのが実態である。その結果、生物多様性の確保が難しくなるなど、自然生態系の質の低下が認められるようになった。これがさらに進行すれば、これまで享受してきた清浄な空気や水資源の確保にも影響が出てくることが予想される。

こうした観点より、本来の意味で自然と人間の共生を図るためには、都市活動、生産緑地活動、自然生態系の領域の区切りを明確にし、自然生態系への人間活動の影響を最小限にすることを考えなくてはならない。そのためには、都市域ならびに生産緑地の領域と自然生態系の領域との境界に十分注意を払う必要が出てくる。

わが国においては、こうした領域内の代謝循環システムの構築により人間と自然の共生が図られてきた長い歴史があるとも考えられる。例えば、江戸時代に確立された都市のし尿の農村還元、また里地里山における種々の生物との共生関係の維持などがその例になろう。しかしながら、産業革命を契機とした人間活動の飛躍的増大は、こうした関係を押しやってしまったと言える。現在は、新しいリサイクル技術などを伴って、現代にふさわしい人間と自然の共生関係を再構築していくことが求められている。下水道などの既存の都市社会基盤施設を応用して、水・物質（肥料）の資源リサイクルを進め、人間活動の代謝を自らの領域で完結する方策などが、その例である。　（佐藤和明）

里山をどのように計画的に保全していけばよいか

都市の近郊に残る里山は、高度経済成長期の始まる頃までは、生活に必要な薪や木炭の材料を供給し、落ち葉や下草は農作業に必要な肥料として使われるなど、生活と深い関わりのある場所であった。このうち薪や木炭の材料を得るためには、木が二〇年から三〇年かけて生長し使いやすい大きさとなると、根本から二〇センチメートルほどのところで伐採して搬出し、その後に根本から伸びる芽の一部を残して大きくする萌芽更新によって、林全体を再生利用してきた。またこれと合わせて、定期的な落ち葉かきや下草刈りにより、林床には適度な光が入り込み、その結果、豊かな植生が維持されていた。

さらに、里山はタヌキやキツネなどの哺乳類やサンコウチョウやコゲラなどの鳥類、クワガタムシ、カブトムシや蝶などの昆虫の重要な棲みかともなり、都市住民が身近に自然とふれあうことのできる貴重な場所でもあった。しかし、燃料が薪や木炭から石油やガスに変わり、肥料も化成肥料に移り変わるのに従って、里山は表面的な経済的な価値が減少し、手をつけられずに放置されてしまった。そしてこのような里山は、開発によって徐々に姿を消し、あるいは残されたとしても管理をされないために荒廃が進み、ごみの不法投棄の場所や、犯罪の発生現場ともなってしまっており、現在その適切な保全が求められている。

里山は、その多くが都市と農山村との境に位置しているために、都市域が大きく広がっていく段階では、開発の適地とされ減少の一途をたどり、現在においても新たな開発が必要となった場合には、最初に開発地の検討の対象となっている。一方で、里山は、希少な生物などの生息地として重要な場所が多く、平成一四年三月に策定された「新・生物多様性国家戦略」では、わが国の生物多様性の三つの危機の一つに里地里山の危機が位置づけられ、重点的に取り組むこととされている。また「都市再生本部」でも大都市圏における都市環境インフラの再生を緊急に取り組むべき都市再生プロジェクトの一つとし、里山などまとまりのある自然環境の保全施策の強化を掲げている。

このような状況のもと、貴重な里山を保全しようという試みが各地の自治体等によって検討され、里山の保全条例等の策定も進められている。しかし、里山の多くは民有地であることが多く、そこの開発を法規制だけで守るには限界がある。また強い規制の代償として、その土地をすべて取得できるかといっても、多大な費用が必要となり現実的ではない。さらに土地を買い取ったとしても、適切な維持管理をせずに、そのまま放置しておいたのであれば、里山の荒廃を食い止めることはできない。

それでは、市町村域にある里山をどのような形で保全を図っていけばよいのであろうか。この課題に対応するためには、まず対象となる個々の里山の自然状況、社会状況、活用状況等の現況、および現在に至る変遷を正確に把握する必要がある。次に自然状況として生物の生息環境からみた個々の評価や、ネットワークとしての位置づけの評価、社会状況や活用状況としての市民利用から見た評価を行い、さらにそれらの評価を総合的に評価することにより、個々の里山の重要度評価を試みる。そして、その評価にふさわしい既存の保全活用施策や必要に応じて新たな施策を当てはめ、予算や体制等も考慮しながら順次計画的に実行に移すことが効果的であると思われる（国土技術政策総合研究所では、このような検討の進め方を「里山保全ガイドライン（案）」としてまとめ、ホームページに示している）。

里山を構成する里山林は、原生林などの自然環境とは異なり、薪や木炭の生産のために木を適宜伐採し、また下草、落葉を取り除くなどの人の手を加えることによって、維持されてきた半自然環境といってもよい。つまり里山は手を加えずにそのまま放置されれば、遷移が進行して別の植生になることが知られている。そして遷移が進行すれば、首都圏や近畿圏ではシイやカシ林などの照葉樹林に遷移すると言われているが、このような林は林床植物や、そこに生息する動物の種類はクヌギ・コナラ林などの雑木林に代表される里山より減少していき、また人も立ち入りにくい鬱蒼とした林になる。

そこで、手入れのされなくなった荒廃の進んだ林に手を入れることによって、以前の自然環境を取り戻そうといった試みが各地で進められており、その状況もいろいろな場面で報告されている。自然環境を取り戻すために行われている作業は、大まかには過去に行われていた管理を復元しようというものである。つまり、藪のように繁茂してしまった蔓植物や笹などの下草刈りを行うとともに、間伐により林床を明るくしようとするものである。国土技術政策総合研究所でも、手入れをされていない里山の雑木林を対象に、そのままの状況においた場所と、下刈りのみを行った場所、下刈りにあわせて間伐を行った場所を作り、光条件、土壌水分条件の比較とともに、そこに生育する林床植物の種類や株数、開花数などにどのような変化が現れるかの比較研究を行っている。そして、下刈りのみを行った区と、下刈りと間伐をあわせて行った区では増加した林床植物の種に差はあるものの、両区は何も管理をせずにそのままの状況においた区よりも林床植物は種類も量もまた開花数も増加し、明らかな効果があることが示されている。

　また、里山の管理作業は、地域の自然をよく知ることや、自分たちの手で直接的に自然をよくすることにつながること、高齢化時代を迎えた中で、お年寄りの経験を子供たちに伝えることができることなど、単に自然環境の改善を図るだけでなく、自然教育的な効果が高く、ボランティア活動の場などとして活用される場面が多い。そこで、地方自治体等は、ＮＰＯ団体や市民団体等と連携を図りながら、先に示した計画的な保全活用策を進めていく必要があると考える。

（松江正彦）

5――物質循環は可能か

二〇世紀の「大量生産、大量消費、大量廃棄」型の経済社会から脱却し循環型社会を形成することは、廃棄物・リサイクル政策の観点からだけではなく、持続可能な社会を構築する上で、喫緊の課題である。平成一二年六月の「循環型社会形成推進基本法」によって、循環を基調とする社会の実現に向けての方針が示された。同法では、循環型社会を、天然資源の消費を抑制し、環境への負荷ができる限り低減される社会としている。その実現にあたっては、「循環資源」（法の対象となる廃棄物等のうち、有用なもの）の利用を進めること、循環利用ができないものは適正に処分することが重要な政策の要素となる。

物質循環は本当に閉じるのか

末石（一九七五）が提示した「環境容量論」とは本来あるべき循環型社会のことである。自然への負荷（環境容量Ⅰ）をゼロにするという前提で、人間社会で物質循環（環境容量Ⅱ）を閉じ、かつ、「定常的物質循環流動の許容量（環境容量Ⅲ）」と「物質の蓄積限界量（環境容量Ⅳ）」を見定めて物質循環を規定することにより、破局を回避するという経済社会システム論である。また、末石（一九七五）は、欲望（費用型経済システム）を抑制し、環境容量型の経済システムを導入する方法として、「行動の延期」と「行動の転移」という禁欲の技術による「困難度（『…閉じた環境を成立させるのに必要な、新しい環境経済体制において理論化されるべき全費用…』）」の克服を挙げている。

さて、社会における目下の限界は廃棄物最終処分容量である。循環型社会形成推進基本法では、廃棄物を速やかに目の前から排除したいという欲望を、リデュースという行動の延期とリユースやリサイクルという行動の転移により抑制するという図式をとっている。結果として、最終処分量は一般廃棄物で平成一〇年度の一一三五万トンから平成一五年度の八四五万トンに、産業廃棄物で五八〇〇万トンから三〇四四万トンに減少している。一方、排出量は、一般廃棄物では平成一〇年度の五一六〇万トンから平成一五年度の五一六一万トン、産業廃棄物では四億八四九万トンから四億一一六二万トンとほとんど変化していない。すなわち、循環型社会では、困難度を主にリサイクルという行動の転移において克服し、物質循環を閉じる方向で邁進していることを示している。

このような循環型社会で物質循環は本当に閉じるのだろうか。

生産工程や生活、廃棄物処理から生ずる排水や排ガスは環境へ放出する前に処理することで、（固体）廃棄物はリサイクルすることで環境への負荷を閉じている。しかし、処理を行う環境保全施設が排出する汚泥やばいじん、またリサイクルする過程で利用できなかった残さの多くは埋立処分される。これらは少量ではあるが雑多なものが混じり合った質の悪い廃棄物である。最終処分場が社会から忌み嫌われて立地が困難となったことが、循環型社会の始まりであったが、依然として物質循環を閉じる最後の砦が最終処分場であることに変わりはない。

最終処分場には、汚染が生じない安定な廃棄物を埋めて土地造成を行う安定型、遮水工や浸出水処理等の隔離の機能を有し、廃棄物による汚染が安定化するまで管理する管理型（と一般廃棄物最終処分場）、また、有害な廃棄物を環境から完全に遮断し、半永久的に管理する遮断型がある。しかし現状では、安定型処分場には安定ではない廃棄物が混入して汚水やガスが発生し、管理型処分場では埋立終了後の維持管理期間の長さに耐えられず経営が次々と破たんしている。処分場の跡地が開発で次々と掘りあてられている。社会における本質的な危機は、最終処分量の問題ではなく、そもそも忌み嫌われる原因となったこと、すなわち、約三〇年前に設定された廃棄物処理・処分システムが機能不全になっていることである。これでは物質循環は閉じない。

このシステムの機能を回復させるため、廃棄物の質の管理や転換、処分場の隔離や安定化促進によって行動を転移する技術は種々提案されている。しかし、禁欲で物質循環を閉じよという末石の論は、我慢すること、すなわち、行動の延期が困難度を克服する本質であることを説いているのではないか。それはリデュース（排出抑制）であり、購入抑制であり、生産抑制であり、成長という旗印で利潤に転嫁された欲望との戦いである。抗う術は環境容量ⅢとⅣを見定め、破局までの限界を示すことである。これは途方もない困難な作業ではなく、鍵は最終処分の科学と経済にある。（山田正人）

何を循環させるのか

前述のように「環境容量」は日常のリサイクル活動、ならびに廃棄物の資源化促進の理論的背景をつくった。いまなお、その理論は有効であることはいうまでもない。しかしながら、世の風潮はしばしば、科学的理論やそれを支える哲学の言葉尻をつかまえて動いていくこともままあることである。リサイクルは、本当に「環境容量」として機能しているのか。

少し横道にそれることをお許しいただきたい。明治二〇年代から三〇年代にかけて、各地で水道施設ができていくときに、「衛生」というキャッチフレーズが盛んに使われた。今日の目でみれば、衛生施設としての水道など当たり前ではないか、といわれよう。そう簡単ではない。まず当時、伝染病の流行は細菌によるものだ、という医学的事実が発見されていく時期であった。しかし、一方で湿気のある土地には病気が多く蔓延するというミアスマ論がもっともらしく信じられていた。これに科学的裏付けを与えていたのがドイツの衛生学者ペッテンコッフェルである。もちろん、科学的には間違っている。しかし、著名な衛生学者の論であること、そしてコレラや赤痢によって死者が続出したという事実が人々をして信じさせた。本来、ミアスマ説を採るなら水道ではなく下水道を造った方が効果的ではないか。それでも、わが国は水道をつくるために、この「衛生」を錦の御旗としてかかげた。そして、本来の飲料水としての目的だけでなく、都市に水資源を導入することのメリットを併せ持って水道は建設された。こうして書くと、水道業界の方から偏執な歴史観だと怒られかねない。しかし、この当時の「衛生」の歴史上の駆動力は水道だけにとどまらない。都市公園の機能は時代とともに変遷するが、最初の動機は「衛生」である。都市に伝染病が多いのは、空気が清浄でないからで、そのための装置として公園を設置する。[8]

同じことが、廃棄物の世界にも起こらなかったか？　歴史の駆動力が働いたのではないか。

ダイオキシンは地上最大の猛毒である、これを環境中から全く追放されなければならない。科学的事実はそうだろう。では、職業上は別として焼却灰や排煙のダイオキシンでガンになったり、死んだ人がいるのか？　日本人が摂取するダイオキシンは魚経由であり、それはかつての農薬のなれの果てだということもわかっている。政策はそうしたことはさておき、世論とテレビのキャスターの喧伝によってすすめられ、小規模な焼却は禁止され、大規模の集中型の焼却炉に税金はつぎ込まれた。「科学的事実」と場合によっては「現実の被害者」、そして「衛生」「環境」「ダイオキシン」などという人々に共通していくネガティブな「物語」は、その一方で政策誘導と税金投入の意図が見え隠れする。物事の是非を言っているわけではない。此の世の仕組みはそうではないか、といっているのである。「安全・安心」しかりではないか。

大規模な廃棄物焼却場も一方で、リサイクル運動と政策が進んできて、分別が厳密になると、投入されるカロリーが低下し、消化不良になっているという現場を耳にするようになった。結局のところ、最終処分場がうけもつ構造にますます比重がかかることになる。

それでは、リサイクルという行動に何の意味をもたせるのか。欠けている視点がある。私たちの「モノ」を使う形態そのものを議論していないのではないか。リサイクルしたモノもやがてはごみになる。末石の「廃棄物メガネ」は新品だけのことではない。循環が果てしなく続いたとしてもごみはごみである。使えないモノ、価値のないモノはやがてはごみになる。ましてや、いま、リサイクルされていく商品が、残したいモノであるか甚だ疑問のモノも多いではないか。

そうであるならば、モノそのものに価値を付加していくことのほうが、豊かな物質文明を形作っていくことになりはすまいか。生活に意味のある道具や、意味のある住まいは簡単にはごみにはしない。そして本当にいらなくなったら捨てればいいのである。かつて「木と紙でつくった家」に棲み、貴人であろうともいかにも「質素な」家に住んでいた日本人は不幸であったろうか。渡辺は懐古趣味ではなく、日本が豊かな物質と精神文明をもっていた歴史を記述している。調度品は寿命長く使えるような様式とデザインが付加されていた。「人間は自然=世界をかならずひとつの意味あるコスモスとして、人間化して生きるのである。そして混沌たる世界にひとつの意味ある枠組みを与える作用をこそ、我々は文明と呼ぶ。それ自体無意味な世界を意味あるコスモスとして再構築するのは人間の宿命なのだ。問題はその再構成された世界が、人間に生きるに値する一生を保証するかにあるだろう。徳川後期の文明は世界を四季の景物の循環の年々の繰り返しのうちに、生のよろこびと断念を自覚させ、生の完結へと導くものであった。」[9]

「レトロブーム」の根底にある日本人の心性はなんであろうか。コマーシャリズムと溢れるメディア情報の中で、私たちは「モノ」の循環にとらわれることなく、「いのち」の循環に視線を移してはどうか。二一世紀版「廃棄物メガネ」や「環境容量」にはそうした息吹を注入できはすまいか。

（小野芳朗）

第 3 章

災害時にも強い社会を環境工学が設計する

1――すべての上下水道施設の耐震化率の向上を

兵庫県南部地震以降、上下水道施設の耐震化の基準が見直されているが、耐震化率は依然として低い状態である。平成一五年の調査では、水道施設の耐震化率は、浄水場で二〇%、配水池で二七%にとどまっている。平成一六年一〇月二三日(土)に発生した新潟県中越地震では、水道施設が甚大な被害を受け、四〇市町村(合併前の数)、約一三万戸にわたって断水が発生した。下水道施設においても、平成一〇年以降の施設に関しては、処理場、ポンプ場で九割以上、重要な管路で五割がレベル2の地震に対応できる施設となっているが、平成九年以前の施設に関しては、耐震化診断がなされた施設が一~二割であり、そのうちレベル2の地震に対応できる施設はわずか二から六割である。平成一六年一〇月の新潟県中越地震においては、新潟県および県内六市一二町三村(地震発生当時)の二二自治体で下水処理場やポンプ場に大きな被害を受け、下水道使用不可能戸数が最大で一三〇〇〇戸発生した。堀の内浄化センターでは下水の簡易放流をやむなくされた。本処理場が放流する魚野川の約二〇キロメートル下流には、小千谷市の水道施設が存在しており、水道施設では塩素注入量を増加して対応した。幸いにも、魚野川の水量が多いために惨事には至らなかったが、上下水道施設のリスク管理に大きな警鐘をならすものであった。

水道施設の危機管理

水道事業において水道水の供給を妨げる危機としては、地震、風水害、渇水などの自然災害、毒物や病原性微生物の混入などの水質事故、施設・設備や火災およびテロなど施設安全上の事故などがあげられる。しかしこのような非常事態にあっても、市民の生命や生活をまもるための水の確保が求められる。平成一六（二〇〇四）年、厚生労働省から「水道ビジョン」が示された。これは、今後のわが国の水道がめざすべき方向性を示したものとなっている。この中で、災害対策としては、地震対策の充実、確実な対応、地域特性を踏まえた渇水対策の推進、相互連携、広域化による面的な安全性の確保、災害発生時の事後対策の充実が主要施策として掲げられている。このような災害対策は、各水道事業体では「危機管理」と総称されることが多く、「危機管理対策マニュアル」などが策定されてきており、他部局などと連携しつつ、「地域防災計画」―「要綱・要領」―「手引書・マニュアル」といったように体系的に整備されているところもある。

わが国は世界でも代表的な地震国であり、水道の震災対策は、震災後も給水を確保するために、従来から重要なものとして位置づけられてきた。その中で平成七（一九九五）年に発生した兵庫県南部地震は、それまでの地震被害とは比較にならない甚大な被害を水道に与えその後の市民生活に深刻な影響をもたらした。この震災の後、内陸部で発生する直下型地震を想定した被害推定や対策の立案、ならびに水道施設の耐震化や応急対策の充実などの施策が実施されてきた。断水に対する市民の我慢の限界を考慮し、応急復旧完了の目標期間を四週間と定めて各種施策の立案が行われたことがその代表的なものである。

その後、今後発生する可能性が高い大規模地震として、東海地震や東南海・南海地震といった地震名を具体的にあげ、これに焦点を当てた検討がなされるようになってきている。このような地震では、被害が広範囲に及ぶことから、府県などの境を越えた広域的な視点に立つことがますます求められる。そこで、防災拠点の適正配置や基幹的広域防災拠点の必要性、防災拠点間の連携方策について検討が行われてきている。また、「水道ビジョン」の中では、震災対策に関する数値目標として、浄水場、配水池等の基幹施設、および基幹管路の耐震化率を一〇〇％とするとしている。特に、東海地震対策強化地域および東南海・南海地震対策推進地域においてはできるだけ早期に達成するとしている。

震災対策に関連して近年注目されているのは、河川の上流に位置する都市において震災が発生して下水道施設が大きな被害を受けた場合、未処理もしくは処理レベルの低い下水が水域に流出し、下流に位置する都市の水道水質にリスクが発生する可能性がある点である。この問題に対し、厚生労働省と国土交通省が設置した「緊急時水循環機能障害リスク検討委員会」では、自然災害または水質事故に起因して、上下水道等の水循環システムの機能に重大な障害が発生した場合に、公衆衛生や市民生活等に及ぼす影響・リスクを分析・評価し、あわせてその影響を軽減するための対策を検討している。このような点は従来から懸念されていた課題ではあるが、本検討は、水道分野と下水道分野が協力して、上記課題に正面から取り組んだものとして意義深い。

一方、近年、特に都市部において、治水施設の計画水準を大幅に超えた局地的な集中豪雨等による浸水被害が頻発している。また、台風に伴う洪水により浄水場が冠水して機能停止し、復旧までに長期間を要した例もある。水道事業においても、今後これら風水害に対する防災体制を充実させることが求められている。

（伊藤禎彦）

公衆衛生問題が日本でも発生

震災時の都市では、水道施設の被災によって一時断水が発生するが、時間の経過とともに水道施設が復旧し、水道の供給も回復する。一方で被災した下水管きょ、ポンプ場や下水処理場等の復旧が遅れると、下水量の増加によって都市の一部では下水が溢れる結果、感染症の発生リスクが高まる。下水処理場の被災で、処理機能が停止し、下水の処理が困難な事態が発生すると、未処理下水が公共用水域に放流される。過去の例からは、応急措置により沈殿と消毒による緊急な簡易処理が行われたが、完全復旧までには相当な時間がかかった。放流先の公共用水域に十分な希釈容量がない場合、公共用水域の水質が悪化した状況が続き、水道と下水道の整備の不整合によって著しい水質汚濁問題が起こった時代に戻る事態、あるいは安全な水と衛生の確保が大きな課題である開発途上国と同じ事態が生じる恐れがある。

被災した都市の下流都市に水道水源がある場合、水源となる公共用水域の水質悪化、特に、病原性微生物や有害物質が流出すると、水道の浄水処理では対応できない状況に陥ることがあり、直接被災していない下流の都市でも水道水の供給停止による水不足が発生しうる。万一、上流側都市で感染症が発生した場合、下水道での簡易処理では十分な消毒ができない原虫やウイルスが通常よりも高濃度で放流されると、下流都市において水道などを介して感染症が伝播する危険性がある。

このため、下水道施設の耐震化や下水処理場間を結ぶネットワーク化等による緊急時の下水処理性能の確保、河川への流入防止対策やダムなどからの緊急放流による希釈水の確保、上下水道の取排水の位置の再編や複数の水道取水点の設定、水道施設のネットワーク化、さらに上下水道、河川等の部局間の緊急時連携（施設整備、連絡体制、組織整備、情報共有化、流出予測、水質情報の伝達システム）を検討する必要性が、関係者から提言されている。

（田中宏明）

災害時のトイレの確保は重要課題

下水道は汚水を排除する重要なライフライン機能を有しており、大地震などで機能を果たさなくなると市民生活に大きな影響を及ぼす。兵庫県南部地震、新潟県中越地震において、下水道施設が大きな被害を受けた。新潟県中越地震においては管路被害の総延長は一五二・一キロメートル、マンホールの被害は約二七万箇所にのぼり、最大で一万三千人が下水道を使用することができない状況となった。兵庫県南部地震の教訓から仮設トイレは一九三九個設置されたが十分な数とはいえず、ほとんどが和式トイレであったために高齢者や要介護者に障害となった。トイレが非衛生的な状況であったために、トイレの回数を減らそうと水分の摂取を制限したことによって、健康被害も報告されている。さらに、避難場所や医療施設などにおいては、し尿の排除が衛生的に速やかに行われなければ、伝染病の発生などの危険性もあることから、早急の対策が必要である。

国土交通省では、トイレの使用はライフラインとしての下水道の最も重要な機能の一つとして位置づけ、避難所等防災拠点におけるトイレの使用の確保を緊急の目標に、仮設トイレの汚水受け入れ施設の設置、トイレ用水の貯留施設や排水施設の設置、公共下水道設置型マンホールトイレの設置などを進めている。兵庫県南部地震を経験した神戸市では、平成一五年度末で小・中学校などの指定避難場所四〇箇所に二〇〇基の公共下水道接続型仮設トイレを設置している。プールや雨水貯留槽などの水を利用して汚物を流すシステムとなっており、最終的に六〇箇所、三〇〇基を設置する予定をしている。

地域に応じて緊急時に十分な数のトイレを確保し、その衛生的な使用ができるようなシステムを緊急に整備しておくことが望まれる。（池本良子）

大震災時の下水道減災対策と応急対応の考え方

下水道は、電気、水道、ガスと同様に都市機能を支える重要なライフラインのひとつである。しかし、地震大国であるわが国の下水道は、これまで大地震による被害をたびたび受けてきており、それらの経験を生かし、大地震が発生した際に被害を抑制する方策や大地震発生時における暫定対応について、様々なものが提案、実施されている。

大地震発生時においても下水道が最低限確保すべき機能として、①下水の流下機能（重要な幹線等ではレベル2地震動、その他の管路ではレベル1地震動について）、②最低限の処理機能および揚水機能、③処理区内における住民の健康や公衆衛生を確保するための最低限の機能、などが挙げられる。これらの機能を確保すべく構造物としての耐震性を高める対策を実施することは莫大な建設費が必要となることから、被害状況の予測をまとめたハザードマップを作成し、想定した被害状況に応じた暫定対応・応急復旧に必要な資機材の備蓄という方策を、長期的かつ優先順位をつけた施設の耐震化とあわせて実施する必要がある。具体的には、①流下機能を失った管路施設に対し仮設ポンプやバキュームカーを手配できる体制を確保する、②最低限の処理機能・揚水機能を確保するための凝集剤、消毒剤、自家発燃料などを手配できる体制を確保する、③処理区内における住民の健康や公衆衛生を確保すべくマンホールに直結可能なマンホール型トイレを備蓄する。併せて工事用等の仮設トイレを手配できる体制を確保する、といったものが挙げられる。

大地震発生後における被災地域の防災拠点のひとつとして、下水処理場等を活用することが提案されている。下水処理場等によっては、処理水や雨水、水処理施設の上部や増設用平地等の広い敷地、自家発電施設などを被災時に活用することが可能な場合がある。そこで、①処理水等を消防用水や水洗用の雑用水などとして供給する、②下水処理場内の敷地を、ヘリポート、避難場所、復旧用資材のストックヤードとして提供する、③自家発電設備の余剰電力を防災拠点の電力として活用する、といったものが考えられている。

管路施設は、その多くが地下に埋設され、目視による状況確認が困難であるため、大地震が発生した際、被害状況の把握や復旧に、多くの専門的技術者や資機材が必要となる。そこで、①政令指定都市間や都道府県間で被災時の相互支援に関するルールの策定や協定締結、②専門的な技術を持った民間団体との被災支援協定の締結、③上記①、②の支援体制を盛り込んだ被災対応マニュアルの整理や合同訓練の実施、といったソフト的な対策を実施している。

下水道施設の耐震化については、莫大な建設費が必要となることから、補修・改築更新時を踏まえた中長期的実施計画や、地域防災計画等を踏まえた優先順位に基づき実施している。そこで、下水道施設の地震対策として、地域条件や当該下水道施設の特性を考慮に入れ、上記の下水道施設の減災対策、地域防災支援、ソフト的な対策を施設の耐震化と組み合わせ、総合的に実施することが望ましい。

（藤生和也）

2――医療施設の水の確保は優先課題

医療施設には水は欠くことのできないものである。災害時に断水が起こると、医療行為を継続できなくなる場合があることはよく知られている。特に、人工透析には大量の良質な水を必要としており、大きな問題を抱えている。全国の透析患者は平成一七年末で約二六万人であり、およそ五〇〇人にひとりの人が約週三回三時間以上の血液透析を必要としている（日本透析学会）。透析には一回に二百リットル程度の水を必要とすることから、透析患者にとって災害時の透析施設の確保は生命にかかわる問題である。手術や治療行為にも水道は不可欠である。そのため、医療施設における災害時のライフラインの確保は最優先で行われることになっている。また、災害時断水に備えた代替水道として、地下水利用を検討している医療施設も存在している。

医療施設におけるライフラインの重要性

一九九五年兵庫県南部地震においては、病院などの医療施設にも甚大な被害が生じ、地震後の救命・救急活動に大きな影響を与えた。この地震においては、病院の圧壊が大きく報じられたので建物被害のみが注目されたが、建物そのものが大破しなくとも水道施設の破損による透析治療の停止、手術部機能停止、滅菌業務不能など、ライフラインの途絶により大きな影響を受けた。また、一九九九年台湾・集集地震においては、集中治療室で治療中だった七人の患者が、地震による停電と断水による自家発電装置の停止により命を失った事例がある。

ライフラインの途絶は生活苦をもたらすだけで人命には影響を及ぼさない、すなわちライフラインの地震対策が被災後の住民の我慢とのトレイドオフであるかのように考えられてきた感があるが、人命に直接関わる救命ライフラインも存在することを再確認しておく必要がある。

兵庫県南部地震の後に行ったアンケート調査によれば、病院における水は、治療行為に直接用いられるだけではなく、非常用発電機などの冷却水や医療機器の洗浄、医者や看護婦の手洗い、入院患者の生活用水など、多くの目的に用いられることが明らかとなった。また、一回の手術と透析治療に必要な水の量を調査したところ、一回の手術に必要な水量については五〇リットルという回答が最も多く、透析治療については約一五〇リットルの水が必要であることがわかった。これらの水が確保できなければ手術や透析が必要な患者を被災地以外の病院に搬送しなければならなくなる。

二〇〇四年新潟県中越地震の際に行った現地調査によれば、断水が医療機能に及ぼした影響として、兵庫県南部地震と同様に透析装置をはじめとする医療機器が停電回復後も使用できなくなったことがいくつかの病院で指摘された。また、ある病院では高架水槽の破損によって天井からの漏水が生じたため、病棟の患者が避難せざるを得なくなった。さらに、X線撮影後のフィルムの現像に水が必要であるので、断水地域の病院にはデジタルX線撮影機を積んだ特殊車が派遣された。

以上のことより、水が地震直後の医療行為の継続に非常に大きくかかわっていること、病院における水は、治療行為に直接用いられるだけではなく、非常用発電機などの冷却水や医療機器の洗浄、医者や看護婦の手洗い、入院患者の生活用水など、多くの目的に用いられることなどが明らかとなっており、医療機関における災害時の水の重要性が再認識されている。また、医療行為に用いられる水は、当然のことではあるが水量ばかりではなく水質の管理も重要であることが改めて指摘されている。

病院は防災拠点のひとつであるので、そこにつながる上水道管路網は優先順位が高く、耐震強化されている場合が多い。また、管路網に被害が生じた場合でも優先的に復旧作業が行われるようになってきている。しかし、病院内部においては上水道だけではなく、ガスやエアーコンディション、酸素の供給パイプラインなど、多種のパイプラインが存在し、それらそのものの耐震強度と建物の耐震強度、さらにはパイプラインが破損したときのネットワーク全体に及ぼす影響など、様々な観点からの検討が行われる必要がある。

（宮島昌克）

医療用水の確保を

わが国では、九七％を超える高い水道普及率に達し、住民の日常生活や社会の諸活動全体の基盤として不可欠な存在となっている。ひとたび巨大地震が発生すると、地下に張り巡らされた配水管等の水道施設が被災することにより、水の供給が途絶えることになる。水道水は、飲料水、炊事、風呂、トイレ等の家庭用水の他、公共用水（公衆トイレ、噴水など）、医療用水、消火用水、営業用水（飲食店、デパート、ホテルなど）、など都市活動用水としても使用される。なかでも、医療用水は、水道水の重要な用途としてあげられる。医療用水は、地震発生直後、家屋の倒壊等で負傷した住民の早期治療や手術等の緊急医療活動を行う上で必要不可欠であり、また入院患者や通院患者は、震災時にも継続して医療を受けることが必要である。兵庫県が実施した医療機関へのアンケート調査によると、兵庫県南部地震で、医療行為を停止させた原因の第一番目は、「水道水の供給不能」であった。

このように水道水の医療機関への供給不足は、負傷者や入院患者の治療を妨げることになり、住民の生命の危機をもたらすことになる。水道事業体においては、こうした背景のもと、平常時より応急給水計画等を策定しておく必要がある。応急給水計画の策定に当たっては、応急給水量の算定や給水方法の選定を行っておく必要がある。給水方法は、運搬給水、拠点給水、仮設給水栓給水およびこれらを組み合わせた方法があり、特に重要な医療機関については拠点給水体制を整備することが望まれる。

国の中央防災会議では、「首都直下地震対策大綱」の中で、水道・電気等のライフラインは、災害時の救助・救命、医療救護および消火活動など応急対策活動を効果的に進めるうえで重要となることから、地震時にライフライン機能が寸断することがないように、ライフライン事業者は、特に三次医療機関（高度で専門的な治療が可能な大学病院等）等の人命に関わる重要施設への供給ラインの重点的な耐震化等を進めるよう促している。医療用水の整備方針としては、各医療機関自ら確保することを原則としているが、厚生労働省では、平成一七年度予算で、「重要給水施設配水管」への補助を新設し、一定の要件はあるが、地域防災計画等に明記されている拠点病院への耐震管路を補助対象としている。地方自治体の医療用水の確保への取り組みとして、京都市、大阪市、横浜市の事例を取り上げる。

京都市では、兵庫県南部地震の教訓として、平成一三年度に策定した「京都市防災水利構想」の中で、医療用水を「透析・注射および医療器具などの医療行為に必要となる水と入院患者等の感染防止などに必要となる水」と定義し、それぞれ確保水量と手段を以下のとおり定めている。

・透析治療を実施していない医療機関…二〇リットル／床／日
・透析治療を実施している医療機関……一五〇リットル／透析治療患者／人／日

医療用水の整備方針としては、各医療機関自ら確保することを原則としているが、緊急を要する医療機関へ優先的な給水体制の確立など、関係機関の協力体制を確立することとしている。大阪市水道局では、平成一八年策定の「大阪市水道・グランドデザイン」の中で、震災後の応急医療活動並びに消火活動を支援する水道システムの整備に向けた「救命ライフライン構想」を推進するとしている。

横浜市水道局では、平成一八年策定の「災害医療拠点病院等への水道管耐震化一〇ヶ年計画」の中で、災害医療拠点病院等六七箇所の応急給水について、従来は給水車による運搬により対応することとしていたが、今後は水道管を耐震化し、災害時に水道管からの給水を継続することにより、医療行為の停止を防止することとしている。医療用水のほとんどは水道水で確保されており、地震等により水道機能が寸断されることがないように全国レベルで早急な施策を講じなければならない。

（秋葉道宏）

3――災害時の大量のごみをどうするか

災害では、被災家屋から発生する家財道具家電製品や自動車、バイクなどの大量の廃棄物が発生する。これらは、時には土砂にまみれていたり水につかっていたりして、再利用できないものが多い。また、避難場所からはペットボトルやインスタント食品などの包装容器が多く含まれた生活ごみが大量に発生する。損壊した道路や橋などや樹木や土砂などの発生量も無視できない。豪雨の際には流木が大量に発生することも知られている。さらに、被災した家屋の解体に伴って発生する廃棄物の発生量は被災後長期間にわたって続くこととなる。兵庫県南部地震の経験から、市町村間の協力体制が整備され、収集車や収集のための人員の確保は比較的早い時期に可能となったが、廃棄物の一時保管場所（仮置き場）の確保が困難な場合が多い。また、保管が長期にわたる場合には環境悪化が指摘されており、あらかじめ災害時を想定しマニュアル化しておくことが重要となっている。

一方、廃棄物処理法における構造基準において、一般廃棄物処分場、産業廃棄物処分場では自重、土圧、水圧、波力、地震力等に対して構造耐力上安全であることとなっており、地震時の安全性を考慮した設計がなされている。新潟県中越地震において、一般廃棄物最終処分場が一部被害をうけたが、クローズドシステムの処分場（水を出さないシステム）であったため処分場内に水が浸入しその処理に時間を要したが、地下水汚染などの問題は報告されていない。

廃棄物処分場のリスク管理

わが国において廃棄物は産業廃棄物と一般廃棄物に区別され、最終的には、その性状に応じて、主に安定型・管理型と呼ばれる処分場に捨てられ（その他に遮断型）、一般廃棄物は管理型の処分場に捨てられる。地震や水害などで生じた災害廃棄物は、建物解体廃棄物も含め一般廃棄物として扱われる。

管理型処分場は周囲を防水シートで被われるが（遮水工）、一般に屋根をもたないので、降った雨は堆積したごみを通り抜け汚水（浸出水）となって遮水工底部に集められ、処理施設で浄化される。一方、安定型処分場は、産業廃棄物のうち安定五品目と呼ばれる廃プラスチック類、ゴムくず、金属くず、ガラスくず・陶磁器くず、建設廃材を捨てることが出来るが、遮水工も浸出水処理施設ももたず、格別の環境対策がなされないままに、山間あるいは平場に設けられている現実がある。

産業廃棄物処分場について、筆者の研究室が一九九七年に新潟県内の十九箇所を調べたところ（管理型二箇所、他は安定型）、管理が適切でないところが多く、規定外の廃棄物が安定型処分場に捨てられていて、処分場排出水の水質は農業用水基準を大きく上回り、全有機塩素や環境ホルモンの一種ビスフェノールAが全処分場から排出されていた。災害がない時でも、産業廃棄物処分場から汚濁物質・有害物質が定常的に排出されていたのである。

この項の初めに、一般廃棄物処分場は管理型でつくられると述べたが、中越地震を経験した新潟県中越地区にある二四の一般廃棄物処分場のち、遮水工・処理施設を備え埋立が進行中のところは実は一一にとどまり、一方を欠くところが四つ、共に欠くところが九つあった（埋立終了を含む。共にないと違反行為。環境省資料）。前の段落で述べた一九箇所の産業廃棄物処分場と同様に、汚濁物質・有害物質が定常的に排出されていると考えて間違いはないだろう。

これらの一般廃棄物処分場は、中越地震に際して、地盤の沈下・遮水シートの膨れ上がり・取付け道路の崩落・防災調整池下流流路の崩落などの被害を被った。産業廃棄物処分場で使用中のものへの立ち入りは拒否されることが多く、地震被害を詳しく調べることは容易でないので、以前に調査した小千谷市の高台、道路脇にある小規模産廃処分地を訪れたところ、廃棄物上に薄く堆積した土壌は一面にひび割れし、割れ目からは廃テレビやコンクリート塊などが顔を出していた。

中越地震は地盤の顕著な改変を伴うものであり（斜面崩壊だけで三八〇〇箇所、崩壊土砂量一億立方メートル）、多くの一般廃棄物処分場・産業廃棄物処分場が被災したと考えられ、土の中や地表で投棄ごみが散乱・分解し、周辺への環境影響は少なくなかったと考えられる。

来るべき大規模地震に備え、第一に、使用を終えたあるいは使用中の廃棄物処分場の位置と構造、埋設廃棄物の内容が詳しく調べられて公表されること、第二に、処分場の一層の耐震化が図られること、第三に、災害廃棄物用のスペースを確保した処分場設計と運用が行われること、第四に、廃棄物が法に則って厳しく分類され、捨てられること、第五に、素掘りして捨てる・投げ出すと同義の安定型産業廃棄物処分場の制度を見直すこと、第六に、処分される廃棄物中の有害物質とその量が精査されること（例えば建物解体廃棄物には、砒素など木材の防腐剤が含まれている）、などが必要だろう。（高橋敬雄）

4――都市の浸水を防ぐ

山に降った雨水（いわゆる外水）の排除は河川の役割であるが、都市に降った雨水（いわゆる内水）の排除は下水道の基本的な役割である。平成一〇年度から一五年度の一〇年間における水害被害額は内水による被害額が約一兆二千億円、外水による被害額が一兆三千億円とほぼ均衡の値を示しており、都市部では内水による被害額が外水による被害額をはるかに上回っている。特に東京都では被害額の九三%が内水によるものである。平成一六年度現在の下水道による都市浸水対策達成率は五二%、床上浸水を緊急に解消すべき戸数は七万四千戸であり、社会資本整備充填計画では、平成一九年度までに浸水対策達成率を五四%に、床上浸水を緊急に解消すべき戸数を六万戸にすることを目標として、ソフト面、ハード面の両方から対策を進めている。

危険度の高いところから対応を

都市化の進展に伴って、市街地では道路や屋根などの不浸透面は増加する。雨水がしみこみにくいあるいは雨水が流れ込みやすい地域で集中豪雨が発生すると、たとえ下水道が整備されている場合でも、その雨水排除能力を超えて雨水流出が生じることがある。また、中心市街地への資産集中や地下空間利用の進展など、都市機能の高度化が進むことにより、浸水に対する都市域の被害ポテンシャルは増大している。このため、近年の集中豪雨にいかに対応していくか、いかに安全で安心な社会を形成していくか、今後の都市浸水対策のあり方が問われているところである。

特に、都市機能の集中する商業・業務集積地区、交通拠点施設・主要幹線地区、住宅密集地区で浸水が発生した場合、その直接的な被害のみならず波及する影響は多大なものとなる。また、地下街など地下空間利用の発達した地区で、いったん地下へ大量の雨水が流入すれば人命に関わる重大な被害につながる恐れがある。さらには、浸水常襲地区における床上浸水防止は緊急な課題である。したがって、このような浸水被害から都市を守ること、すなわち「生命の保護」「都市機能の確保」「個人財産の保護」が浸水対策の主たる目的となる。

そのためには、浸水被害ポテンシャルやその発生頻度を考慮して対策を重点的に実施すべき地区を絞り込み、緊急に対応すべき目標を適切に設定する必要がある。まず、過去の浸水被害実績や浸水に対するハード対策・ソフト対策の整備状況についての総点検を行い、災害の再発防止や未然防止の観点から、既往最大級の豪雨に対しその降雨状況の時間的・空間的分布を再現した浸水シミュレーションを実施する。そして、その結果を基に重点化すべき対象地区を抽出してその危険度の診断を行い、ハード整備とソフト対策がバランスよく組み合わされた総合的かつ緊急的な施策が進めることが求められている。

（古米弘明）

公助と自助と共助の大切さ

都市の浸水対策として、これまで概ね五年に一回の大雨に対する安全度を確保するように管渠や貯留・浸透施設などハード整備が進められてきた。今後も着実にその整備を推進するとともに、将来的には安全度を順次高めていくことが求められる。しかし、整備に必要となる費用負担が容易ではない状況において、安全性を緊急に確保するためには多様な主体が一層の連携強化を図りながら、効率的に浸水被害の軽減に努力することが必要となる。

時間的かつ財政的な制約の中では、公のみが主体とする従来の施策からの転換が求められる。すなわち、行政は地域住民にも理解しやすい形で目標を示すとともに、それを共有しつつハード整備の着実な推進とあわせて、平常時から住民個人や地域ぐるみで水害から生命や資産を守るという防災意識、すなわち、自助・共助意識の醸成を図ることが必要である。

雨水と上手につきあうためのあらゆる「知」を集め、費用対効果の観点から有効な「技」を駆使すること、そして、地域住民の理解の上で対策事業を進めることが求められる。

そのためにも、浸水対策における下水道の機能や役割、浸水被害のメカニズムを住民に理解してもらうことは必須である。その際、内水による浸水に関する情報および避難に関する情報等を積極的に住民に提供するためにも、内水ハザードマップの作成と公表が有力な手段となる。また、地域の情報に基づく住民視線の独自な水害マップづくりも有意義であろう。浸水被害の住民モニター制度など、双方向情報交換システムづくりも参加意識を高める試みになるかもしれない。

ここで大切なことは、行政である公が実行可能な浸水対策シナリオの利点と課題を説明しながら、設定した目標に至るロードマップを住民と共有することが望ましい。今、下水道技術者に、自助、公助、共助、ソフトとハードの対策により、何ができて何ができないかを専門家として明確にすることが求められている。

（古米弘明）

5——意外に知られていない豪雪災害

平成一八年の豪雪は、死者一四九名、重軽傷者二一〇七名を記録し、三八豪雪（死者一〇七人）につぐ人的被害をだした。家屋の全壊は一七棟、半壊は二五棟、一部損壊は四五一五棟に及んだ。近年の豪雪では、生活様式の変化によって都市機能に大きな影響をもたらせた。高齢化世帯の孤立が大きな社会問題となり、地域コミュニティの重要性が指摘されている。

三八豪雪以降に開発された消雪パイプは道路の消雪に大きな効果をあげ各地で用いられたが、消雪パイプの水源の約八〇％は地下水であり、二〇〇三年度の消雪パイプ用の地下水揚水量は二億三千万トンにも及んでいる。大量の地下水を揚水した結果、各地で地下水位低下による地盤沈下をもたらせている。地域によっては、個人所有の井戸によって汲み上げた地下水を屋根の消雪や駐車場の消雪に用いており、地下水位低下を加速した。そのために、いくつかの市町村では地下水規制を導入し、地盤沈下の進行を食い止めている。消雪パイプや流雪溝の水源として下水処理水を利用する試みが各地でなされているが、下水処理場が下流域に存在する場合が多いために、消雪を必要とする地域と離れていることが問題となっている。また下水の保有する熱を活用する試みもなされているが、融雪が必要な時間帯と下水量のピーク時間が異なることが障害となっており、蓄熱方式などが提案されている。

積雪地域における地震災害への備えを

豪雪災害は積雪地域の問題としてとらえられがちであるが、雪国にとっては地震災害や豪雨災害に匹敵する大きな災害である。豪雪による人的被害や家屋の倒壊の被害はもちろんであるが、道路の機能が確保できず都市機能に大きな障害となる。さらに、豪雪災害によって環境にも様々な影響がもたらされる。消融雪に大量の地下水を汲み上げる結果、地盤沈下が進行するほか、屋根からの落雪で灯油タンクやバルブが破損することによって油の流出事故が多数起こること、雪で河川がせき止められて浸水被害をもたらすことが報告されている。風雪や凍結による停電や断水、積雪のための廃棄物収集の遅延、融雪水による下水水量の増大のほか、除雪車両による騒音や大気汚染、凍結防止剤の影響なども指摘されている。

積雪地において最も心配なのは、複合災害である。積雪時に地震災害が発生した場合には、非積雪期よりもはるかに大きな被害が発生することが予想される。中越地震において地震災害の直後の豪雪によって、地震で弱くなった建物の倒壊が相次いだことは記憶に新しいが、積雪期であったなら地震直後の倒壊家屋が増大したであろうことが容易に想像される。さらに、新潟県中越地震においては下水管やマンホールの浮上に伴って多くの消雪パイプが破損し使用できなくなったことに加え、路面の凹凸が除雪効率を大きく低下させたために、直後の積雪期において大きな混乱をもたらせた。積雪期においては、道路の除排雪と消融雪は通行確保に欠くことのできないものであるが、地震直後はそれらがほとんど不可能となることから救助活動に大きな影響が出ると予測される。積雪時には除雪された雪の堆積により道路幅が通常より狭くなっているところが多いことも、緊急車両の通行をより困難なものとするであろう。そのほか、避難場所の暖房や、救援物質の運搬、ライフラインの復旧、周辺市町村からの応援人員やボランティアなどの確保なども、積雪期には困難となると予想される。積雪地域においては、積雪期における地震災害を想定したマニュアル作りが非常に重要である。

都市部において、地震災害時におけるマンホールトイレや下水処理水の活用などの下水道施設の活用が進められつつある。積雪地域においては、下水道施設や廃棄物焼却施設の消融雪への利用が進められてきているが、複合災害に備えたこれらの施設の活用方法を検討しておく必要があるであろう。

（池本良子）

下水熱の積極的な活用を

下水は腐敗性の有機物や病原性微生物を多量に含む環境汚染物質であるが、循環型社会の構築、地球温暖化対策の推進等の観点から、下水や下水汚泥を資源およびエネルギー源と捕らえ、積極的に活用する動きが活発化している。下水汚泥からエネルギー（消化ガス）を回収する技術に加え、雪国では下水と外気の温度差、すなわち下水自体の持つ熱エネルギーを活用し、下水処理水を融雪用水として利用する事例が増えている。冬期における下水の水温は一〇度から一五度であり、比較的変動が少ないので、下水は熱源として十分に期待できる。

日本では国土面積の約六割を占める積雪寒冷地域に約二千八〇〇万人が居住しており、積雪による交通障害や経済活動の停滞を回避することは重要な課題である。平成一六年度末におけるわが国の下水道処理人口普及率は六八％であり、生活用水の一人一日平均使用量（約三一〇リットル）を考慮すると、積雪寒冷地域における一日の下水量は五九〇万立方メートルと概算される。このような膨大な量の都市下水に含まれる熱エネルギーも膨大な量となる。

下水を活用した融雪方法としては、①下水（または下水処理水）を溜めた融雪槽内、および下水（または下水処理水）が流れる管（融雪溝）内で下水と雪と混合する方法、②下水管内に採熱管を通して路面の放熱管との間に液体を循環させて道路の雪を溶かす方法、③下水管内に採熱部、道路内に放熱部を備えたヒートポンプを用いて下水から熱を取り出し融雪する方法、がある。

融雪溝や融雪槽などの直接雪と下水を混ぜる方法は他の方法に比べて簡便であり広く普及している。一般に下水と雪の混合は夏季に汚水調整池や雨水滞留池として利用されている設備内で行われるため、融雪槽を新規に設置する必要はない。広大な融雪槽の地上部分には公園などが整備され、空間的にも有効に利用されている。一方、融雪槽までの雪輸送エネルギーの消費、未処理下水の水温低下、雪に含まれる汚染物質の下水処理水への混入、等が問題点として挙げられる。ヒートポンプ等の下水中の熱を回収する装置を用いる場合には上述の問題は解決され、さらに蓄熱装置を備えれば下水の熱変動に依存せずに融雪が可能となる。しかしながら、イニシャルコストやランニングコストの発生、熱エネルギーの損失、等の問題が残されている。

このように、下水の熱を利用した融雪技術には克服すべき様々な課題が残されているものの、エネルギーの有効利用は国際的な最重要課題であり、融雪技術のさらなる効率化、新規技術の開発が必要不可欠であることは論を待たない。

（岡部　聡）

6——環境対策と防災対策の連携を

従来、安全安心な国土づくりとしての防災対策と、都市や自然環境を保全する環境対策は、それぞれ個別の課題として取り扱われてきた。時には、相反する課題として取り扱われる場合もあった。しかし、今後の社会基盤整備をより効率的に行うためには、たとえば、都市における豪雨災害対策とヒートアイランド対策や地盤沈下対策を兼ね備えた雨水貯留、浸透施設の整備、下水道施設の防災施設としての活用などのように、環境対策と防災対策を兼ね備えた対策が重要となってきている。しかし、これらをさらに進めていくためには、いくつかの財政上の課題が残されている。

環境と防災連携型の技術と制度の必要性

誰しも災害に巻き込まれないように願っているが、日本国土は何年かの確率で大きな地震があり、津波災害があり、また火山爆発がある。毎年台風により、出水、地滑り、洪水、高波被害が発生する。台風とは別に都市の局地的洪水発生頻度が上がっている。竜巻発生も増加している。毎年、日本海側は積雪により生活の難渋を経験し、豪雪時には屋根雪おろしで死亡事故が発生している。その他の自然災害を含むと、日本に住むと一生で一回は何らかの大きな自然災害に遭遇する。気候変動が進行しており、自然災害の発生パターンに変化が生じる可能性が高まっている。

一方、日本人の生活意識の中に、環境保全、環境改善の重要性は着実に前進してきた。環境をもっと豊かなものにし、安全で住みやすい国土づくりの要望とその内容は、高度化しつつある。ところが、政府や自治体の施策づくりは、残念ながら古い意識のまま「環境」と「防災」は、別の予算で立てられており、両者の関連性を検討する発想が遅れている。

災害の後始末は重要で、大量に発生する大型廃棄物を安全に、速やかに処理処分できないと、災害復旧が遅れる。神戸の地震による廃棄物は、当時幸いにも六甲山地に新しい一般廃棄物処分場が、準備されていたことにより、また神戸港の埋め立て事業の空き地があったことにより、速やかに処分できた。もし他の大都市で、次に地震が発生したら大型廃棄物、大量の廃棄物を、安全に速やかに処理処分できるであろうか?

地震発生により、ライフラインが途絶えると、たちまち生活環境が悪化し、健康被害が発生することは神戸淡路地震の経験で自明のこととなっている。停電と水道管の破裂による断水は、都市高層アパートの生活を不能に陥れる。生活ごみの収集停止は、都市環境悪化、健康被害が発生する。兵庫県南部地震、新潟県中越地震の経験、福井、兵庫の洪水の経験から、日常の環境行政運営が、災害により一〇〇倍も環境負荷量が発生し、たちまちその対応をしなければならないことを学んだ。

災害救援活動を行ったのは周辺の自治体、自衛隊、ボランテイアである。特に、周辺と場合によって遠くから駆けつけた自治体職員の支援活動（清掃車に乗って来る）が、大きな役割をおっている。自治体間の連携の重要性が示され、現在、自治体間で防災救援協定が結ばれている。

現在、政府と自治体は、国債地方債の債務返還を抱え、厳しい財政状況にある。社会基盤整備予算を賢く有効に使うには、防災と環境の予算の重なり、連携性を検討し、新しい発想で、事業化を進める必要がある。その時、新しい制度として立法化も行う必要がある。環境と防災の連携を進めると、今まで気づかなかった視点、視野が広がり、新しい土木建設、環境技術が生まれることは間違いない。防災と環境の先進国日本の将来は、この二つの課題を一体化してとらえ、有効な対策を行う技術開発とそれを制度化する新しい政治が求められている。

（松井三郎）

自然災害リスクに対する備え

地球温暖化が進む中、世界各国で台風・地震・豪雨・豪雪など様々な自然災害が頻発しており、その規模もますます大型化の様相を呈している。これらの予期せぬ自然災害の発生は、水道・下水道およびその他のライフライン等社会インフラを一瞬のうちに破壊・分断し、甚大な損害を与えるだけでなく、市民生活に大きな影響を及ぼすことになる。

これに対し、国家財政が厳しい中で、現行制度がいつまで続くかは別として、災害復旧制度という国の財政支援措置が講じられている。上下水道事業に関して取り上げてみると、水道は水道法第四五条「水道施設災害復旧事業」、下水道は公共土木施設災害復旧事業費国庫負担法に基づく「公共土木施設災害復旧事業」（道路・河川並）として取り扱われており、国庫負担率は、激甚法に基づく激甚災害指定を受けた場合（補助率＝一〇分の八）を除いて一〇分の五〜一〇分の七程度で、自治体の一般財源の繰り出しが必要である。また、上下水道施設は複雑な施設の複合体であり、特に地下に網の目のように張り巡らされた管路施設は、災害による影響の事実確認が容易でなく、災害査定対象に漏れた施設の補修工事が後々に頻発するなど、さらなる自治体の費用負担を強いることとなっている。このように自治体の持ち出し費用は半端な額ではなく、逼迫する地方財政に大きな負担としてのしかかっている。市民ニーズに応えるべく進めてきたインフラ整備の拡大は、市民生活の利便・快適性をもたらすとともに大きなリスクも併せて背負い込むこととなっている。

わが国の上下水道財政に目を向けると、公営企業として福祉の増進と企業性を発揮するべき事業（資産ストックおおよそ一〇〇兆円と言われる大事業）にも関わらず、今後見込まれる改築更新費用に充てる留保資金はおろか、下水道に至っては一般会計からの補填無しでは存続できない借金財政となっている。今後、日常のマネジメントと併せた災害時のリスクマネジメントを兼ね備えた運営・管理を維持していくためには、何らかの財政的対応策を講じていく必要がある。

一つは、事業運営そのものを民間に委ねる、いわゆるＰＦＩの導入であるが、民間経営といえども公共性の高い重要インフラである以上、いかなる場合でも「住民の安全とサービスの確保」を最優先とし、災害時等不測の事態でも業務遂行に支障を及ぼさないような戦略的プラン（事業継続計画＝ＢＣＰ）を立てなければならない。これは企業にとっては大きな負担であり、このような重大な社会的責任（＝ＣＳＲ）を持つ企業に対しては優先的に融資がなされる仕組みづくりが不可欠である。

もう一つは、「災害保険制度」や「災害基金制度」の導入である。災害保険の一例はCat Bondと言われる代替的リスク移転（ＡＲＴ）手法で、保険と金融技術が融合した金融取引である。リスクの引き受け元が金融市場（一般投資家）となるため、従来の保険制度と異なり、十分な金額補償と迅速な支払いが可能になると言われており、大災害で有効に機能すると考えられる。また、「災害基金制度」は同じ目的を持つ自治体間（同時に災害を受けない）で共済的な基金を設置し、被災地への低金利融資や防災計画の各種取り組みを共同で行う等、自治体間ネットワークシステムを構築するもので、保険と同様に期待されるものである。

（田中　亮）

第 4 章

心地よい都市空間のために

1——美しい国土形成に異論はない——しかしてその具体化は

国土交通省は平成一五年「美しい国づくり政策大綱」を発表した。この中では地域の個性重視や美しさの内部目的化など六つの取り組みの基本姿勢と、景観に関する基本法の制定、水辺・海辺空間の保全・再生・創出など一五の具体的施策が提案されている。これを受けて、平成一七年には景観法が施行された。これらの動きは、美しい景観が国民的な関心事になっていることを示している。一方、国土形成は、国土計画、都市計画などによって、長期間にわたる国土や地域のあり方を規定するものであり、様々な立場から検討されなくてはならない。この場合に重視すべきは国や地域の持続可能性であり、美しい国土・地域も単に景観のみならず、国民、住民の持続可能な暮らしと両立するものである必要がある。

歴史的景観の保全や電線の地中化推進などについての認識は、国民の間で大きな隔りはないようである。これらは、主として既存の景観を短期的にいかに保全するか、改良するかといった議論である。一方、国土形成は数十年から百年単位のタイムスケールで、わが国の国土を良好な状態で子孫に伝える作業である。「美しい国土」の形成については特段の異議はないであろうが、国土形成の目的は様々であり論点を整理する必要がある。

長期的な時間軸でわが国土のあり方を論じる場合、①少子高齢化・人口減少社会への対応 ②グローバリゼーションへの対応 ③国や地域のアイデンティティーの確立 ④地球環境問題をはじめとする環境問題への対応などが課題となる。①の少子高齢化等では、厳しい行財政の制約のもとで、社会資本の効率的な運用が必要となってきており、コンパクトシティーの考え方が広まりつつある。②のグローバリゼーションへの対応においては、資源小国の日本にとって、国外から食料やエネルギーを確保する戦略が求められており、基幹的な産業が国外に財やサービスを売って、わが国が必要とするものを購入するという現在の基本構造が継承されることとなろう。急激に発展する世界に通用する価値を生み出すためには、知識や産業の集約化とそれを支える社会資本の整備が欠かせない。

一方、③国や地域のアイデンティティーの確立は、社会を犯罪から守り、国民の多くが希望を持って生きていく上で重要な課題である。国土形成の立場からは、歴史的景観の保全や水・緑を配した良好な景観の創出が効果をあげよう。しかし、現実には集落の消失や地方都市中心街の衰退、大都市の高層住宅街における地域意識の喪失など、景観以前の問題で地域のアイデンティティーが失われようとしている。この問題は①や②を反映して、国土の再編成が進行する過程で生じていると考えられ、成り行きに任せていては問題がさらに深刻化することとなる。このため、地域住民や政策立案者が、将来を見通して地域形成のための意思や政策を示すことが必要となる。④地球環境問題をはじめとする環境問題への対応では、①〜③の課題に対応した地域独自の取り組み Think Globally, Act Locally が重要であり、例えば、循環型社会の形成ひとつをとっても、基本的な法制度などの枠組みは同じでも、実際の運用は地域、地域で異なった形となろう。

日本では美しい国土を表す言葉として「山紫水明」が用いられてきた。これは、自然が保たれている山や水辺を表す言葉である。田園地帯では棚田、里山、ため池など、自然に人の手が絶えず加えられた、人と自然が共生する風景が原風景であろう。日本では、美しい街と呼べる街が非常に少ないのが現状である。美しい街とは、建物、街路、モニュメントが町の歴史と渾然となって調和し、たとえ街中であっても水辺や公園などくつろげる場所のあるところではなかろうか。美しい国土に対するこういった一定の合意を、長期的視野に立った国土形成につなげるための課題となっている事項について考察したい。

知床、屋久島、白神山地など、日本には山紫水明の地がかろうじて残されている。人口減少社会を迎える日本にあっては、大規模な自然の開発は今後とも考えにくい。逆に、既開発地域を自然の状態に戻す事業が脚光を浴びてくるであろう。課題は、更新期を迎える社会資本や企業・個人からの廃棄物が山紫水明の地に廃棄され、豊かな自然が損なわれることである。廃棄物のクローズド化を地域で早急に達成する必要がある。

美しい田園地帯や都市を形成するためのキーワードは、先の①~③に挙げた論点に対応した役割をそれぞれの地域が分担することではなかろうか。グローバリゼーションの中で世界に通用する財やサービスを生み出すことを目的とする大都市では、人や社会資本の集積が必要であり、そのような場所での美しさは人工的なものとならざるを得ない。そこでは、大量の財が消費されるため、それを廃棄物として国土や海外に排出しないためのクローズドシステムが必要となる。大都市以外の地方都市や田園地帯では、必ずしも世界を相手にする必要はなく、日本の中での価値を創造し、大都市の住民を対象とした財やサービスの提供で生活が成り立つ社会を構築する必要がある。総体としては衰退化に向かっている地域社会のなかでも、住民さえ知らなかった地域の魅力（アイデンティティー）を発掘して観光の目玉とするとともに、住民に誇りをもたらした例が、国土交通省の「観光カリスマ百選」で数多く紹介されている。人工的な都市空間で生産活動に従事する都市住民にとって、美しく活気のある地方都市や田園地帯の提供する財やサービスには十分な対価を支払う価値がある。もちろん、すべての地域が都市住民への観光サービスで生計を立てることは現実的ではない。なぜなら都市が必要としているものは観光だけではない。食料自給率の向上は、急増する世界の人口や途上国の発展に鑑み、早急に進めるべき課題である。休耕田が散在する田園風景はさびしいものであるが、よく手入れされた耕地は、北海道美瑛町の例に見るように、それだけで美しい。

これらの課題の多くは国土計画、都市計画上の問題であるが、技術的な課題を挙げるとするなら、国土計画等の策定に当たって、関係者の合意形成を補佐するためのシミュ

レーター、自然景観の復元技術、廃棄物ゼロディスチャージや水資源循環利用技術などが主なものとなろう。（高橋正宏）

2――下水道におけるディスポーザー導入の現状は

下水道は、下水の収集、排除および処理により、国民の生命および資産を守り、公共用水域を保全してきた。国民のうち下水道を使える人口の割合は約七割に達し、下水道を経由する流量が水循環に占める割合は増加し、インフラとしての重要度の高まりは言を俟《ま》たない。さらに、社会経済状況、地球温暖化、国民のニーズ等を受けて、処理水、汚泥等下水道資源の有効利用により、良好な水環境の創出、リサイクル社会の構築等多様な役割を果たしている。

都市の活動を支える静脈として、下水道が収集・排除するものは、時代によって変遷してきた。わが国の近代的な下水道の構築期、つまり、明治時代は、コレラ等伝染病蔓延の防止、都市環境の改善のため、都市から雨水および生活雑排水を円滑に排除する必要があった。屎尿は有価物として農地に還元され、下水道は屎尿を受け入れていなかった。しかし、大正中期以降、安価な化学肥料の登場、都市化による排出屎尿量の増大と需要の縮小等により、都市内での屎尿の停滞が顕著になり社会問題化したことを受け、屎尿も下水道で処理されるに至った。[1] 排除方式の主流が合流式から分流式に移行した現在でも、「下水＝雨水＋汚水（生活雑排水＋屎尿）」の収集、排除および処理は、下水道の基本的な形態である。

生ごみが下水道を流れることを、初期の下水道を構築した先人が想像しえただろうか。生ごみを粉砕して排水管へ投入する電化製品が米国人の建築家により一九二〇年代に発明され、米国では一九五〇年代に本格的な利用が始まり、四四％の普及率に達している。[2] 一方、欧州では使用を規制している国が多い。わが国では、ディスポーザーの使用について法律で特にこれを禁止するというものはないが、関連するものとして次の規定がある。

- 環境基本法第九条第一項「国民は、基本理念にのっとり、環境の保全上の支障を防止するため、その日常生活に伴う環境への負荷の低減に努めなければならない。」
- 水質汚濁防止法第一四条の五「何人も、公共用水域の水質の保全を図るため、調理くず、廃食用油等の処理、洗剤の使用等を適切に行うよう心がけるとともに、国又は地方公共団体による生活排水対策の実施に協力しなければならない。」

これらは直接ディスポーザーの使用を禁止するものではなく、ディスポーザーの使用の是非は下水道管理者である地方公共団体の判断による。実態としては、ディスポーザーの使用は下水道に悪影響を与えるものとして条例や基準、指導、広報等により使用の禁止または自粛要請をする地方公共団体が多かった。

この傾向に一石を投じたのが、排水処理装置付きのディスポーザー（ディスポーザ排水処理システム）である。これは、粉砕された生ごみを含む排水（ディスポーザー排水）を、発生場所で処理して減量化するとともに、残りの排水を下水道もしくは浄化槽経由で公共用水域へ放流するものである。大都市圏の集合住宅を中心に普及しつつあり、首都圏の新築販売マンションでは採用されることが多いと言われている。なお、ディスポーザー排水が処理装置を経ず直接下水道に排出されるものは、直接投入型（または単体ディスポーザーと呼ばれる（以降、導入または禁止の事例紹介の段落を除き、ディスポーザーとは単体ディスポーザーを指す）。

近年、台所やごみステーションでの環境改善に対するニーズ、高齢化社会の到来等社会状況が変化しつつあり、一方、生ごみは有機性資源としての有用性が認識され、下水道は都市域で有機物およびエネルギーの循環を担う根幹施設として位置づけられることから、下水道におけるディスポーザーの導入について検討することが必要と考えられた。しかしながら、ディスポーザーを設置した場合の下水道への影響については十分に把握されておらず、ディスポーザー導入の検討にあたっては、下水道システム、ごみ処理システム、市民生活等に対する影響について、環境面や経済性という視点も含めて客観的に評価することが求められていた。

このような背景から、国土交通省、北海道、歌登町は北海道歌登町をモデル地域として下水道区域の一部（区域内の家庭約四割）にディスポーザーを設置し、下水道システム、ごみ処理システム、町民生活等への影響を評価する社会実験を平成一二年度から四年間（追加実験を含めると五年間）実施した。詳細は「ディスポーザー導入社会実験に関する調査報告書」[3]に記述されているが、以下のような調査が実施された。

● ディスポーザー排水の原単位として、ディスポーザーで処理される一日一人あたりの生ごみ量、発生する汚濁負荷量、水道使用量・電力消費量等が調査された。[4][5][6]

● 排水設備、下水道施設、ごみ処理施設への影響が調査され、下水道区域内の全家庭でディスポーザーが使用され（ディスポーザー普及率一〇〇%）ても、施設の増設は必要なく維持管理で対応できること等がわかった。[7][8][9][10]

● 町民生活への影響については、ディスポーザーの使用状況やメリット・デメリットに関する意識が調査され、仮想評価法により利便性の便益が計測された。

● 以上の各システムの影響検討結果から、ディスポーザー普及率一〇〇%の場合の環境面、経済性の評価等が行われた。[11][12] 経済性については、下水道事業の費用は増加するが、行政コスト全体は減少すると推定され、利便性の便益等とを統合した費用便益分析では社会的余剰が正、つまり便益が費用を上回ると推定された。環境負荷量については、二酸化炭素ベース、エネルギーベースともに増加すると推定されたが、その増加率はいずれも一%未満であった。

社会実験の調査結果が取りまとめられたことに加え、いくつかの地方公共団体による調査データが蓄積されつつあった状況を受け、地方公共団体がディスポーザー導入を検討する際の技術的資料として「ディスポーザー導入時の影響判定の考え方」[13]（以下、「考え方」という）が国土交通省により策定された（平成一七年七月）。「考え方」では、対象地域の現状および将来計画を踏まえ、下水道システムへの影響、ごみ処理システムへの影響、市民生活への影響、環境への影響、経済性等について客観的に判定することとされている（影響判定フロー参照）。ディスポーザー導入は地方公共団体の判断に委ねられているが、その意思決定のための評価手法が提示されたわけである。各地方公共団体は、「考え方」を参考に独自の調査データおよび独自の判断材料を踏まえ、それぞれの下水道事業、ごみ処理事業および地域の特性等を十分勘案した上で、ディスポーザー導入について検討することが期待される。

実際に、ディスポーザー導入による影響は、下水道等の施設や地域条件により大きく異なるので、客観的な方法により導入について検討し、その是非の判断を合理的に行うことが肝要である。例えば、合流式下水道を採用している地方公共団体では、ディスポーザー導入により雨天時の越流負荷量の増加が予想されるので、ディスポーザーによる負荷増加に対応した合流式下水道の改善対策が図られていない段階での導入は避けるべき

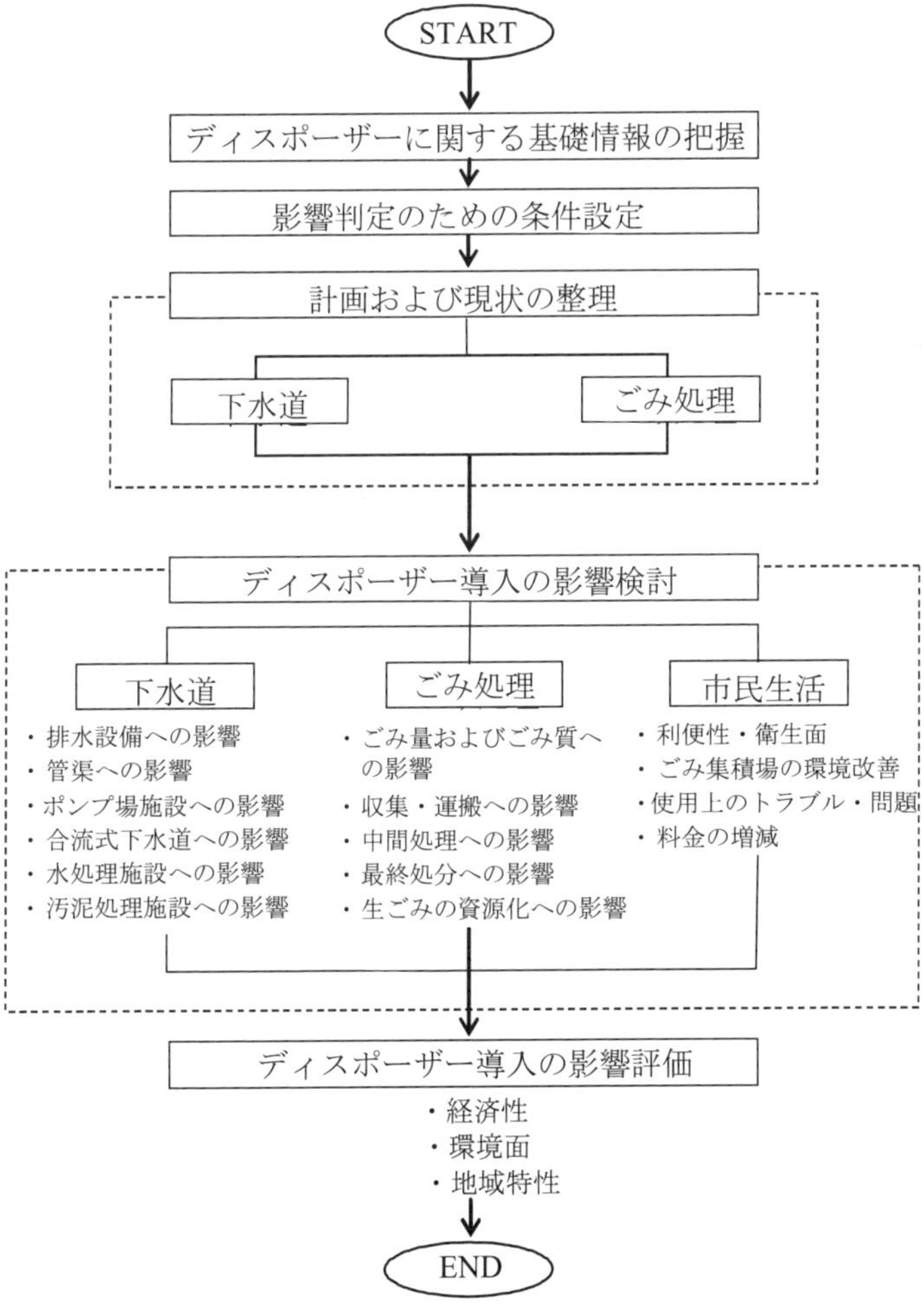
START
ディスポーザーに関する基礎情報の把握
影響判定のための条件設定
計画および現状の整理
下水道
ごみ処理
ディスポーザー導入の影響検討
下水道
・排水設備への影響
・管渠への影響
・ポンプ場施設への影響
・合流式下水道への影響
・水処理施設への影響
・汚泥処理施設への影響
ごみ処理
・ごみ量およびごみ質への影響
・収集・運搬への影響
・中間処理への影響
・最終処分への影響
・生ごみの資源化への影響
市民生活
・利便性・衛生面
・ごみ集積場の環境改善
・使用上のトラブル・問題
・料金の増減
ディスポーザー導入の影響評価
・経済性
・環境面
・地域特性
END

ディスポーザー導入時の影響判定フロー

である。終末処理場に余裕がない場合には、ディスポーザーの普及率、改築の必要性も見ながら、検討する必要がある。また、コンポスト製造や消化ガス発電等下水汚泥の有効利用形態を踏まえ、生ごみを含めた一般廃棄物の収集、処理および処分を行っている清掃事業と調整した上で判断がなされるべきである。単に住民の利便性を向上させることが目的であれば、自由に住民がディスポーザーを設置できる状態が望ましいが、生ごみを資源と捉えて効率的なリサイクルシステムの構築を期するためには、生ごみの分別収集、下水道でのディスポーザー導入による生ごみ回収のどちらかを選択し、助成制度等の導入も含めて選択された施策を積極的に推進する方が効率的であろう。いずれにせよ、住民の意向を踏まえ、下水道部局、清掃部局が協調して生ごみの取扱い方について意思決定していくことが必要と考えられる。

最後に、単体ディスポーザーの禁止または導入が決定された事例を紹介する。東京都は下水道条例施行規程を改正（平成一七年五月施行）し、ディスポーザーを設置する場合にはディスポーザ排水処理システムでなければならないこととし、単体ディスポーザーの設置が禁止された。北海道滝川市は下水道条例を改正（平成一八年四月施行）し、分流区域では追加的な下水道使用料（一台一月あたり五〇〇円）を払うことで家事用の単体ディスポーザーを設置できることとし、合流区域でまたは家事用以外の用途でディスポーザーを設置する場合はディスポーザ排水処理システムでなければならないとしている。

（吉田敏章）

3――都市ヒートアイランドを解決できるのか

ヒートアイランド現象とは、都心部の気温が郊外と比べて島状に高くなる現象である。二〇世紀中に地球全体の平均気温が約〇・六度の上昇をしているのに対して、日本の大都市として代表的な東京・名古屋などの六都市では平均気温が二〜三度上昇しており、地球温暖化の傾向よりも顕著に現れていると指摘されている。

このヒートアイランド現象が社会に及ぼす影響として、熱帯夜等の高温化による快適性の低下に加えて熱中症の増加といった人間影響や、冷房負荷の増加や空調機器の効率低下等による電力需要の増大・先鋭化等が懸念されている。さらに、局地的集中豪雨の発生や大気汚染の助長との関連性、生態系への影響も指摘されている。

毎年夏になると、テレビ・新聞などで大都市のヒートアイランド現象が必ずクローズアップされ、上昇傾向にある大都市の気温の実態と、夏の熱中症患者の発生件数や局地的集中豪雨といった懸念される社会的影響とともに、新しいヒートアイランド対策への取り組み事例が紹介されている。

政府は、社会的に大きな影響を及ぼすヒートアイランド現象への対策を適切に推進するために、平成一六年三月に「ヒートアイランド対策大綱」を取りまとめている。この大綱では、ヒートアイランド現象のメカニズム、各対策による効果等に関する調査研究の進展をふまえ、①人工排熱の低減、②地表面被覆の改善、③都市形態の改善、④ライフスタイルの改善の四つを対策の柱とし、これに⑤観測・監視体制の強化および調査研究の推進を加えて対策の推進を図ることとしている。

さらに最近では、政府の都市再生本部が選定した「地球温暖化対策・ヒートアイランド対策モデル地域」のように、ヒートアイランド対策が環境・エネルギー対策として地球温暖化対策とセットで取り扱われるようになり、ヒートアイランド現象は重点的に取り組むべき環境問題として、社会的に広く認知されつつある。

ここで「ヒートアイランド現象」そのものの定義について振り返ってみたい。ヒートアイランド現象とは、冒頭で紹介したとおり都市の中心部の気温が郊外の気温よりも高くなる現象で、等温線を描くと高温部が島状になるためにそのように呼ばれている。この現象は、人為的な活動がある程度集積しているところに通常発生するものであり、大都市に限らず、地方の小都市や集落のような所であっても、大気が静穏な時には小規模ながらもその中心部が周辺部よりも高い気温分布が観測されるので、学術的にはこれもヒートアイランド現象なのである。さらにヒートアイランド現象は太陽が照りつける日中の現象のように考えられているが、実際は大気の流動が比較的静穏になる夜間に多く観測されるため、本来夏の場合、熱帯夜のような夜間の問題であるとも指摘されている。

さらに、ヒートアイランド現象は夏季固有のものではなく、むしろ大気が安定している冬季の方が観測されやすく、地理学・気候学などの分野では一九六〇年頃から国内外で立体構造が明らかにされている。温暖湿潤な気候の日本では、大都市における夏の気温上昇があまりに顕著なため、冬の効果についてはは社会的にはあまり注目されていない。

しかしヨーロッパ北部の都市では、厳冬期の気温低下を緩和するヒートアイランド現象をむしろ好ましいものと捉えている向きもあり、近年では日本においてもヒートアイランド現象による冬季の暖房エネルギー削減効果が試算されている。

ヒートアイランド現象が解決すべき問題として社会的に注目されるのは、昼夜間や季節を問わず、その高温化による人間への直接的・間接的影響が生活者にとって無視できないくらい重大であるためであり、その直接的影響としての熱中症や熱帯夜による不快感があり、間接的には冷房コストの増大や大気汚染、集中豪雨発生に及ぼす影響などが指摘されている。そしてこの影響が顕著になるのは、東京・名古屋・大阪のような、都市が延々とスプロールしている大都市圏に限定されるのではないだろうか。すなわち、この都市のスプロールの過程で、土地被覆の改変に伴う緑地や水域の減少とコンクリートやアスファルト面の増加による太陽熱に対する顕熱・潜熱の放出バランスの変化や、高密度・広範囲で排出される人工排熱によってヒートアイランド現象が顕著になるのである。

そして大都市圏のヒートアイランド対策を考える時に問題となるのが、対策によってどの程度の効果が期待できるのかを明らかにすることである。屋上緑化などの様々なヒートアイランド対策の効果は数値シミュレーションや実験によってその定量化が試みられてきた。しかし、これらは人為的にある程度制御できる（理論的に予測できる）範囲の知見であり、実市街地の中に埋め込んだ個別の対策効果を定量的に割り出すのは、気象や地形、市街地の凹凸、土地被覆、人工排熱など関係する条件が多岐にわたり、それぞれが相互にきわめて複雑に関係しているため、対策によってどの程度の気温低下が担保できるのかを実現象に基づいて説明するためには、解決すべき課題が多く残されている。

具体例として以前、東京都や首都大学東京が東京都区部の一二〇箇所で実施した気温の膨大な定点観測データで作成した気温分布図によると、高温化した領域は都区部に大きく島状に形成されるのではなく、いくつかの高温域が局所的に形成され、さらにそれが海陸風の影響などで時々刻々と移動したり、それぞれが結合・離散を繰り返したりと複雑な挙動を示している。また、東京都心で最高気温が四〇度を超えた二〇〇四年七月二〇日は、ヒートアイランド現象によるものではなく、都市スケールをはるかに超えるフェーン現象が原因であったといわれている。

このように、ヒートアイランド現象のメカニズムそのものが複雑なものであるのに加えて、都市の高温化を引き起こす引き金は必ずしもヒートアイランド現象だけではないのであるが、社会的には原因は何であれ、とにかく都市の高温化を緩和することが最重要課題となっているのではないだろうか。国立国語研究所が行っている『外来語』言い換え提案」では、「ヒートアイランド」を「都市高温化」と言い換えている。この言葉が示すように、都市の気温が上昇する原因がヒートアイランド現象なのか地球温暖化現象なのかフェーン現象なのか、その寄与度がどうなのかはさておき、そもそも人が集まる都市が高温化すること自体が問題であり、早急な対策が求められている。

こうした実情を鑑みると、現在のヒートアイランド対策は、莫大な太陽エネルギーや化石エネルギーを吸収・消費・放出している大都市の高温化対策すべてを受け持たされている図式になっているとも考えられる。その中で、熱の発生源対策としての省エネや、緩和対策としての保水性舗装や緑化、風の道など様々な対策が夏の気温上昇緩和のための対症療法的なメニューとして検討されているが、いま一度、「ヒートアイランド対策」として効果的な対策を考えるために必要な実現象の理解や、対策の意思決定に寄与する技術、社会への啓蒙のあり方などについて、社会を巻き込んだ学際的な議論や関連する調査研究開発のさらなる推進が必要ではないだろうか。

「学者の国会」と呼ばれる日本学術会議は、平成一七年四月に声明「生活の質を大切にする大都市政策へのパラダイム変換」において、「ヒートアイランド現象に対して効果的な対策を立てるために、大都市の高密度気象観測体制を充実する必要がある」との見解を示している。この背景には、各省庁や地方自治体がヒートアイランド対策大綱における具体的な対策に追われ、ヒートアイランド対策としての建物配置や形状の決定、建築材料の選定、公園・緑地、河川や道路計画に対して、そのあり方や効果が十分にわからぬまま多大な公共投資が行われているという現状認識がある。そしてヒートアイランド現象の緩和には、ライフスタイルや価値観の転換とともに、自然と都市のあり方を考えるためにも、大都市での数キロメッシュの高密度な常時気象観測点の設置が不可欠であると指摘している。

（鍵屋浩司）

第 5 章

社会に科学技術を実践する

1——企業と大学の連携

環境分野における研究開発の流れ全体を見た場合、シーズに力点を置く大学と、ニーズに力点を置く企業とは長年にわたって協力関係にある。人材の流れを見ても、大学が環境分野の学生の教育に当たり、環境関連企業が卒業生の就職先となっており、その関係が深いことがわかる。環境分野は、例えば土木の構造・水理・土質などの分野と比較して、大学での教育内容が変化することに特徴がある。なぜなら、環境問題がその時代によって大きく変化してゆくからである。そのような変化の中で企業と大学が意識的な結びつきを持っていなければ、新たな環境問題へ向けた人材育成から問題解決までの、新たな取り組みを効果的に進めることはできない。ここでは、環境分野の企業の大学との係わりについて紹介する。なお、連携の具体的な姿を示すために、本章では企業や大学の固有名詞をそのまま用いている。

大学を取り巻く環境と企業の期待

わが国の大学は近年、優れた人材の輩出と知の創造に加えて、知の成果を速やかに社会還元することが強く求められるようになった。その背景には、例えばバイオテクノロジーのような先端的な科学研究において、成果の事業化面では米国に大きく引き離されてしまったという日本社会の現実がある。

国際的な競争社会を生き残るために企業が大学に期待するものは確かに大きいが、大学の知は本来社会で共有するべきものである。産学連携に短期的な成果を求めるよりも、国家戦略に則った長期展望の下で、優れた知（シーズ）を創出するのが大学の姿ではないか。そのためには、どの技術分野に科学技術予算を投入するべきかという根本議論を含めた産官学の徹底的な議論がますます重要になると考える。また、優れた基本特許は重要な財産であるが、特許だけでは技術は完成しない。実用化には様々な周辺技術の確立が必須であり、大学のシーズを企業が活用するためのより良い仕組みづくりには継続して期待したい。

荏原製作所では（以下、荏原）事業分野の一つに、環境・エネルギー関連のインフラ施設に関わるＥＰＣ＋ＯＭ（Engineering＝設計、Procurement＝調達、Construction＝建設、Operation＝運営、Maintenance＝維持管理）事業がある。わが国においては戦後の急速な経済成長を背景に各地で環境汚染が発生、公害列島と呼ばれるほど深刻な問題となった。一九六八年に大気汚染防止法、一九七〇年に水質汚濁防止法、海洋汚染防止法、廃棄物処理法が公布される中、社会ニーズに応えて荏原は環境インフラ施設を提供してきた。

公害対策という役割を終えた現在でも、日常生活や経済活動に伴う環境負荷・二酸化炭素排出量の低減、資源の循環利用、安全・安心な社会の構築など、環境インフラ構築にかかわる課題は多い。しかしながら、環境事業の黎明期と比較して明確な社会ニーズがつかみにくくなっていることも事実である。このような状況における産学連携として、例えば荏原でも北海道大学大学院工学研究科環境資源工学専攻に寄附講座「都市代謝システム」（平成九年四月から平成一四年三月まで）を開設し、都市活動から発生する廃物を最小化しつつ発生した廃物を循環使用する都市代謝基盤システムに関する研究を行うなど、従来のシーズ探索とは違う形も始められている。

筆者は大学で環境に関する講義を担当しているが、大学との共同研究において定期的に実験を行っている学生と議論をするのも、講義とはまた違う企業人としての重要な仕事と思っている。また近年、学生に一定期間企業で研修生として働く体験をさせるインターンシップ制度を取り入れる大学が増えている。筆者の部署でもインターンシップの学生に、メタン発酵槽中の微生物遺伝子の種類、濃度とプロセス性能との関係を調べるという地味で根気を要する研究を体験してもらっている。インターンシップ制度に対する考え方は受け入れる各企業それぞれに異なるであろうが、企業の求める人材に対する明確なメッセージを知識ではなく体感する機会を与えることは、企業にとって社会貢献の形の一つであることには変わりない。

（宮　晶子）

研究助成財団の社会的役割は

日本国内でもさまざまな環境関連の助成財団が活動している。ここにその一例を示す。栗田工業（株）では、経営資源の柱である水環境分野において、社会貢献の一環として広くこの分野における科学技術の発展に寄与することを目指し、営利を目的としない水・

環境問題に関する先端的研究と国際交流に対して助成の取り組みを行っている。平成八年度に栗田工業（株）「水と環境の基金」設立準備委員会を設置し、平成九年度に財団法人設立の許可を得て「（財）クリタ水・環境科学振興財団（ＫＷＥＦ）」を発足させている。財団の役割は、「水・環境問題に取り組む若い研究者、技術者を研究開発のための助成を通じて育成し、将来的に、世界的な水・環境問題を解決し、社会の発展に寄与する」の具現化である。財団の寄付行為第三条には「この法人は、水環境（これに関連の深い環境を含む）に関する調査研究及びその国際交流に対し助成その他の支援を行うことにより、水環境に関する科学の振興を図り、もって自然と人間との調和を促進する社会の発展に貢献するとともに人と生態系にとって豊かな地球環境の創造に寄与することを目的とする」と定めている。ＫＷＥＦは、水・環境に関わる先端的研究に対する研究助成を主事業とし、人間社会がもたらした多くの水・環境問題に対し、より良い環境にするためにあらゆる分野で取り組んでいる研究者を対象として公募し、選考委員会による厳しい選考を経て毎年四〇〜五〇件の究テーマに助成を行っている。栗田工業（株）およびそのグループ会社からなる出捐者からは資金的援助は受けるが、その使途を始め運用はすべて財団に任されている。財団はその役割を果すための独自の研究助成事業を進めることができ、また助成を受ける研究者にとってもその用途に自由裁量が与えられており、自らの判断で助成金を十分に活用できる仕組みになっている。

一般に、財団運営の評価尺度として、①いかに多くの研究者に財団運営を理解してもらい、研究助成に応募してもらえるか、②助成対象者が助成目的に合致した研究成果を出せているか、③研究成果がその後、発展的に進展し社会貢献をもたらさしているか、等が考えられる。これらのことが着実に実行され評価に値する成果が得られれば、社会貢献に果たす役割は大きく、その存在意義も大きくなる。

ＫＷＥＦを上述の評価尺度の観点から財団運営の実態を見てみると、①については、研究助成の応募者数が設立当初の八〇件程度であったが、一〇年を経過した現在は、四〇〇件程度と五倍に増加し、財団の事業運営への関心が高まってきていると判断できる。しかしながら、運用資産が限られていることより応募者の増加に対して助成採択者の数を増やすことができない状況となっている。②については、研究助成者から研究報告書は取得しているが、成果の「質」の評価レベルにまでは踏み込めていない。③については、財団運営を評価する上で最も重要な要素として捉えているが、研究成果のフォローには多大の労力やコストがかかることより、実施困難な状況にある。しかしながら、今後は、研究助成を受けられた研究者を対象としたネットワーク構築により、水・環境問題に対する先端的技術交流や研究相互支援環境造りに貢献できるのではないかと考えている。いずれにしても、財団設立の目的や意義をどのように評価していくかは、財団運営の価値向上を図る上で欠かすことのできない要素である。現在ホームページ、財団ニュースを通して事業内容、資産内容、経理報告書等を全面的に公開し、研究成果については、世の中に広く公開し、要望に応じて研究成果を還元することを心がけ透明性を高めている。

運用実務面での主要課題としては、次のような項目が挙げられる。

●研究助成事業をより効果的にする方策――助成研究成果を評価できる機会の創出。例えば、助成研究者による研究成果発表の開催、研究助成者と学識経験者との研究情報交流等。

●水・環境研究ネットワークの構築――研究助成者間の情報交流や研究交流を可能とするネットワーク構築により、連携・効率・グローバル化が図れる環境の創出。

●国際的な取り組み——政治・経済・文化等々あらゆる分野で、人的・物的・ソフトのすべての領域で国際交流が頻繁に行われている現在、水・環境分野も例外ではなく、国際的な取り組み。

これらの課題の実施には、所轄官庁、出捐者、学識経験者との有機的連携が必要不可欠である。

（重見弘毅）

2——地域と大学の連携

大学、特に地方の大学は、存在する地域と常に密接な係わりを持っている。具体的には、「地域での人材育成」および「地域への人材の輩出」が大学の役割の一つとなっている。育成および輩出は特に地域の中に限定されたサイクルではなく、対象地区から外部に流出する人材も存在するが、地方大学が地域への人材輩出に大きな役割を担っていることは言うまでもない。また、地方大学はその存在・活動自体が地域という単位社会に大きな影響を与えており、大学と地域との良い連携が地域の活性化につながっていくと考えられる。ここでは、信州大学で行われた、大学全体を巻き込んだ人材育成の事例として、ISO 14001 の認証を通した「環境分野の人材育成」および「地域との連携」という新しい試みを紹介し、地域と大学の連携の重要性を考える。

信州大学は、工学部における「環境調和型技術者の育成」を発展させ、環境問題に精通したすべての分野における人材を大学全体で養成するためのプログラム「環境マインドをもつ人材の養成」（平成一六年度　文部科学省特色ある大学教育支援プログラム（特色GP）に採択）の運用を平成一六年度より開始し、全キャンパスにおいて ISO 14001 を認証取得するエコキャンパスづくりを推進している。その結果、平成一七年一二月に教育学部、平成一八年一一月に農学部そして同年一二月に繊維学部がそれぞれ ISO 14001 の認証を受け、現在、松本地区キャンパスにある経済学部・理学部・人文学部・全学教育機構そして大学本部で、平成一九年度内の ISO 14001 認証取得に向け、エコキャンパスづくりが展開されている。

大学は教育研究機関であり、また社会的に中立性・公正さを要求される存在である。ISO 14001 活動においても、その特性を生かし、地域と連携しながら活動を推進し、またその成果を広く発信することが求められる。ここでは信州大学工学部の ISO 14001 活動における地域連携の例を三つ紹介する。

まず学部においては相互内部監査という制度を導入し、内部監査員を外部から受け入れるとともに、監査員を外部に派遣している。異なる機関と相互に監査員を受入れ・派遣することで、内部監査に外部からの視点を取り入れ、双方のＩＳＯ活動の質の向上を図る制度である。平成一八年度（一二月まで）の実績としては一二件の内部監査を地元自治体、企業、団体そして大学と行っており、お互いのＩＳＯ活動の改善につなげている。

地域連携の例として、ＩＳＯ学生委員会が教員とともに社団法人 長野県環境保全協会佐久支部と連携し「環境経営リスクマネジメントの自己診断ツール」を改善したケースを紹介する。これは環境について実践の場で学びたい学生と佐久地域を環境先進地域にしたい長野県環境保全協会佐久支部に教員が加わった三者連携によるプロジェクトであり、地元企業が自身の環境活動レベルを自己診断し、環境経営のために具体的になにをすればいいのかを明確にし、目標を設定することを可能にするためのツール（自己診断ツール）をつくり上げた。プロジェクトにおいて学生は自己診断ツールの企業への配布・

記入済みツールの回収・得られたデータの解析を行うことで、地域企業の環境レベルを把握するとともに、自己診断ツールの問題点を抽出した。そしてその問題点を解決すべく企業へのヒアリング等を実施し、地域特性を考慮したツールの改訂を行った。この改訂により、企業の環境活動の実態をより的確に把握できるようになり、企業としても活用しやすいものになった。一方、学生にもプロジェクトを通じ、環境に関するスキルだけではなく、リーダーシップ、コミュニケーション能力などの面でも大きな向上が見られた。さらに学生を中心とした活動を通じて地域内にある企業同士のあらたな連携が生まれるという効果も生み出している。

ISO 14001活動全般に関しては、参考文献[4]にあるホームページを参照されたい。

上述のとおり、工学部キャンパスで始まった実践的環境教育の取り組みが、特色GP採択を機に他の四キャンパスへと広がっている。この取り組みでは、ISO 14001認証取得のエコキャンパスを実践的な環境教育基盤としてとらえている。すなわち、「大学における ISO 14001は環境マインドをもつ人材を養成するのが目的」として位置づけている。

このため、全学生がISO 14001の構成員となる。したがって、毎年行われる審査の際に学生たちが、キャンパス内で審査員から「ISO 14001 の活動はなぜ必要なのか」「あなたはどのような環境配慮活動を日常的に行い、それがどのような寄与となるのか」など、無作為でインタビュー審査を受ける。キャンパスに来たばかりの学生たちは、ごみ箱に圧倒されるとともに、マイバックをもつことの重要性を認識しはじめる。毎年、春のガイダンス時に三年生までの学生たちへ工学部環境ＩＳＯ学生委員会が環境教育を、研究室配属の四年生・大学院生には指導教員が、それぞれ、環境教育を実施している。

また、ISO 14001 の内部監査を学生の環境マインドの実務教育に利用している（年二回実施の ISO 14001 内部監査を全国の大学の教職員と学生の皆さんへ公開している。詳細については文献[4]参照）。工学部では、平成一一年から毎年、学生の内部監査員を養成してきた。ISO 14001 の内部監査へは、各監査チームに数名の学生が内部監査員として参加し、主任内部監査委員から実務指導を受けながら監査を進める（春と秋にそれぞれ二〇数チームの内部監査チームが編成され、内部監査が行われる。サークル室も内部監査している）。参加した学生へのアンケート結果は、学生が指摘したことが確実に是正されるために達成感が得られ、学生達の環境マインドが成長することを示している。内部監査実務を経験し、あるレベル以上の力量を有する学生たちは、環境マネジメントインターンシップ（選択二単位）を履修することができる。これは学生の環境マインドの質を豊かにする目的で行っている。学生たちは、工学部キャンパスにはない様々な環境負荷をもっている企業や自治体などでISO 14001内部監査へ参加し、環境配慮活動の実際を学ぶ。彼らは、父親と同世代の管理職の皆さんを監査するためにコミュニケーション能力の必要性を痛感するとともに、責任の重大性を強く意識するようになり、人間的に成長する。このような実践的環境教育環境の中で専門科目を学ぶと、ごく自然に専門科目で学んだ知識が環境と結びつくようになる。

現在、大学のすべて五つのキャンパスでは、環境ＩＳＯ学生委員会が活発に活動し、ISO 14001認証取得のエコキャンパスの構築と発展をリードしている（詳細については文献[3]の信州大学環境ＩＳＯ学生委員会連合のホームページを参照）。彼らは平成一八年六月に工学部キャンパスで環境ＩＳＯ学生委員会全国大会２００６（エコキャンパス２００６、第一回目の全国大会）を開催し、全国の仲間たちと一緒に持続可能な社会の構築を実践する活動を全国の大学へ、そして、各地域社会へと展開している。

（松本明人、北澤君義）

3——大学の安全管理とその教育

大学における環境安全教育は、以前よりその重要性は認識していたが、対応があまり進んでこなかったことは否めない。実験室におけるヒヤリハットの経験は緊張感なく学生の間で話されることが多かった。しかし、実験室の活動が多岐にわたり、またその活動量は以前とは比べものにならない昨今、実験室のヒヤリハット事例が重大な災害へ発展することもあり得る。また、大学における環境安全に関する教育は社会においての災害や事故に対応する能力の養成の場としてとらえることもできる。そのような意味で、大学等の教育現場における環境安全教育は大学において、ひいては社会において、多様かつ重要な意味を持ってきている。

大学における環境安全

近年、ＣＳＲという言葉がしばしば用いられ、多くの企業に対してその社会的役割を問う声が高まってきている。これに対し大学という機関は、教育研究活動を通して様々な分野で社会的な貢献を行うことがそもそもの存在意義であり役割であるが、同時に、安全や環境に関して取り組むこともまた重要な責務の一つである。

大学等の教育研究機関では広範な分野で様々な教育研究活動が行われるが、そうした活動が周辺地域の環境や安全を損なうことのないよう常に努める必要がある。例えば、大学での研究活動は、おびただしい種類の化学物質を使用し、発生する廃棄物も非常に多種多様な物質を含んでいるという特色を持っている。当然これらの物質の有害危険性の種類も多岐にわたっている。大学では、これらの物質が環境中に漏出しないよう厳重な管理を徹底するとともに、発生する廃棄物を確実かつ十全に無害化し、地域環境への負荷を最小限にとどめるよう努める責務がある。

一方、大学の内部においては、教育研究活動における事故や災害を防止し、すべての構成員の作業環境の安全を確保する責務がある。一般に、労働者の職場環境については、労働安全衛生法により規定された措置を講ずる義務があるが、大学においてはこの法律の範囲をさらに拡げて自主的に対応することが求められる。すなわち、「労働者」の範疇に入らない学生その他研究に携わるすべての構成員の作業環境についても、同様に安全を確保し、作業環境測定や特殊健康診断などを実施する必要がある。

さらに、上述のような学内外における責務に関連し、環境や安全に関する啓蒙活動、すなわち「環境安全学」を体系化し学生等の構成員に教育を行うこともまた、環境安全について大学に求められる重要な責務である。

（布浦鉄兵）

大学の社会的責任

ＣＳＲを経営理念とする企業が増えてきている。それは環境報告書からＣＳＲ報告書への流れが顕著であることからも読み取れる。例えば株式会社という組織において、株主の利益を追求しかつ被雇用者の福利厚生を図るのみならず、社会貢献、環境保全そしてフェアトレードまで、社会の一員である法人としての社会的責任を負うという考え方は真っ当であり、これからの企業活動のあり方を示すものである。株主のためだけに暴走する一部の企業活動を戒める意味でも重要である。また、それを企業ブランドとして積極的に経営に生かし、さらなる企業利益につなげるということも当然である。

さて、このＣＳＲを大学にはてはめようという動きがある。あるいは大学という組織の特殊性を意識して、それをＵＳＲ（University Social Responsibility）として組み立てようとする向きもある。国立大学法人法により国立大学が法人化され、例えば教職員の安全管理については労働安全衛生法へと適用法規が変わるなど、大学の組織形態や実態に必ずしもそぐわないともいえる法規への対応に日々追われていた関係者にとって、教職員の意識の低さを嘆き、その意識改革のために優良企業の行動規範を参考にＣＳＲあるいはＵＳＲの旗印を立てようという心情は痛いほど理解できる。しかし、ここは冷静に原点に立ち戻って熟慮が必要であろう。

そもそも高等教育・研究機関である大学は、その全的存在をかけて社会のために知を創造し人材を育成するという社会的責任を有する。大学の存在理由そのものが、一法人としての私益の追求にはなく、公益のためであることは明らかであり、そこが営利活動をそもその目的とする民間企業とは基本的に異なることは言うまでもない。これは私学においても全く変わらない。ＣＳＲを参照するＵＳＲ運動は一見良さそうに見えて、実は基本を見失うということにもなりかねない。例えば、環境報告書の作成が多くの大学で義務化された。環境報告書を作成する過程で、おそらく次のような議論が出てくることは容易に想像できる。京都議定書を念頭に、大学活動から排出される二酸化炭素排出量を削減することは大学の果たすべき社会的責任である。さて、知を創造するために新しい設備と建物が必要だが、エネルギー消費が増えてしまう。どうしよう。知の創造が主で、エネルギー消費削減は従であることは自明であるにも関わらず、本末転倒の議論となりかねない。ＵＳＲなどという一般原則を打ち出すと、この手の議論は至る所で起きかねない。

ここはやはり具体的かつ地道な活動を通して、例えば環境保全活動で言えば、無駄なエネルギー消費をなくす、化学物質管理・廃棄物管理を徹底する、地域の環境保全活動に取り組むなどの実績を積んでいく以外にない。今、大学が一番求められていることは、大学の存在目的に照らして、十分な取り組みがなされているとは言い難い「環境安全教育」の体系化とカリキュラム化なのではないか。

（山本和夫）

大学での環境管理と教育

大学の環境管理に関する社会的責任を考えた場合、大学で発生する排水・廃棄物の適切な処理や、環境報告書の発行といった事業者としての責任を果たすことは当然であるが、それ以外に、教育機関としての大学の役割も視野に入れるべきであろう。

日常生活では、地域で決められたルールでごみを分別排出すれば自動的に収集され、下水の排出に関してはより一層無関心でいられるが、いったん大学という組織に入ると、ごみは事業系廃棄物として独自の管理が求められ、下水の水質についても下水道の受入基準を満たさなければいけない。こういった意識の転換は、もし全く教育・啓発を行わなければ、学生はもちろん、教員や事務員ですら、期待できないのではないだろうか。毎年多くの学生が卒業・入学するという大学本来の性質に加えて、近年、留学生の受入増加や任期つきポストの多様化による人事の流動化が進んでおり、それは大学の活性化の一面となっている。しかし、その反面、多様なバックグラウンドを持つ人材の短期間の滞在が増えることは、組織内での知識や意識の共有を一層困難にしている。

こういった問題を克服するのは地道な教育活動以外にないであろう。単に決められたルールを覚えさせそれを実行させるのであれば、おそらくさほど難しくはなく、効率性やコストの面からもそれが望ましいかもしれない。しかしながら、教育という大学の社会的使命を考えたときに、それだけでは不十分ではないだろうか。研究・教育活動で発生した廃棄物や排水がどこでどのようなプロセスで処理・処分されるのかを学び、理解することで、廃棄物・排水が発生する時点でどのような注意を払うべきかを理屈として体得する、といった機会を作ることが重要と思われる。そのためには単に事務的に規則を伝える人材ではなく、環境負荷低減技術を科学的に理解し、説明できる人材が必要である。また、机上の学問としてではなく、具体的な事例を示すノウハウの集積や廃棄物処理の実習等が行える施設などを活用することで、自らの活動によって生じる環境負荷を題材にした環境を学ぶ機会を確保することが望ましい。

事業者の責任を果たすための部署だけではなく、これから社会に出て行く若者に対し環境に対する責任意識・専門知識を学ばせるための仕組みを有すること、そしてその仕組みを支える専門知識を有する人材が存在することが、これからの大学に求められるのではないだろうか。

（中島典之）

引用文献

第2章

[1] 平成十七年三月三十日　経済産業省、環境省告示第四号(http://www.meti.go.jp/policy/bio/Cartagena/bairemeshishin.pdf)

[2] 微生物によるバイオレメディエーション利用指針解説　平成十七年七月　経済産業省製造産業局生物化学産業課　環境省環境管理局総務課環境管理技術室

[3] Liu, W., T. L. Marsh, H. Cheng, and L. J. Forney: Characterization of microbial diversity by determining terminal restriction fragment length polymorphisms of genes encoding 16S rRNA. Appl. Environ. Microbiol., Vol. 63, pp.4516–4522 (1997)

[4] 中村寛治、石田浩昭、飯泉太郎「トリクロロエチレン汚染現場に注入されたRalstonia eutropha KT-1の地下水中微生物群集構造への影響評価」環境工学研究論文集、第三九巻、三三三〜三四四頁（二〇〇二）

[5] 末石富太郎「都市環境の蘇生」中央公論社、東京（一九七五）

[6] 小野良平「公園の誕生」吉川弘文館（二〇〇三）

[7] 渡辺京二「逝きし世の面影」平凡社（二〇〇五）

第3章

[1] 国土交通省下水道地震対策技術検討委員会「新潟県中越地震の総括と地震対策の現状を踏まえた今後の下水道地震対策のあり方」平成十七年八月
[2] 厚生労働省新潟県中越地震水道現地調査団「新潟県中越地震水道被害調査報告書」平成十七年二月
[3] 国土交通省都市・地域整備局下水道部「下水道総合浸水対策緊急事業」平成十八年度
[4] 国土交通省都市・地域整備局下水道部「下水道総合浸水対策計画策定マニュアル(案)」平成十八年三月
[5] 国土交通省「特定都市河川浸水被害対策法」平成十五年六月
[6] 国土交通省下水道政策研究委員会浸水対策小委員会「都市における浸水対策の新たな展開」平成十七年七月
[7] 国土交通省「総合的な都市雨水対策計画の手引き(案)」平成九年四月

第4章

[1] 社団法人日本下水道協会『日本下水道史—行財政編—』第一章〜第三章、昭和六一年
[2] 森田弘昭「米国におけるディスポーザー実態調査報告」土木技術資料、第四三巻、第三号、一二〜一三頁、平成一五年
[3] 国土交通省都市・地域整備局下水道部、国土技術政策総合研究所下水道研究部、北海道建設部公園下水道課、歌登町『ディスポーザー導入社会実験に関する調査報告書』国総研資

料第二二六号、平成一七年
[4] 吉田綾子、山縣弘樹、斎野秀幸、森田弘昭「北海道歌登町におけるディスポーザー排水の負荷原単位に関する調査」下水道協会誌、第四一号、第五〇四号、一三四～一四六頁、平成一六年
[5] 吉田綾子、吉田敏章、山縣弘樹、高橋正宏、森田弘昭「北海道歌登町のホテル厨房におけるディスポーザー使用の実態調査」下水道協会誌、第四三巻、第五二二号、一一六～一二六頁、平成一八年
[6] 吉田綾子、山縣弘樹、吉田敏章、鶴巻峰夫、森田弘昭「ディスポーザー導入により下水道システムに移行する厨芥に関する考察」環境システム研究論文集、第三四巻、四三三～四四一頁、平成一八年
[7] 吉田綾子、行方馨、高橋正宏、森田弘昭「北海道歌登町におけるディスポーザーの導入による下水管渠への影響調査」下水道協会誌、第四二巻、第五一四号、一五三～一六四頁、平成一七年
[8] 岡本辰生、吉田綾子、森博昭、高橋正宏、森田弘昭「ディスポーザー由来の管渠内堆積物の挙動に関する調査」下水道協会誌、第四三巻、第五二三号、一〇三～一一一頁、平成一八年
[9] 吉田綾子、山縣弘樹、高橋正宏、森田弘昭「北海道歌登町におけるディスポーザー導入による下水処理場への影響評価」下水道協会誌、第四二巻、第五一七号、一〇三～一一四頁、平成一七年
[10] 吉田綾子、落修一、高橋正宏、森田弘昭「厨芥粉砕物の混入が下水汚泥のコンポスト化に

及ぼす影響」環境システム計測制御学会誌、第一一巻、第二、三号合併号、一八一〜一八七頁、平成一八年

[11] 吉田敏章、山縣弘樹、森田弘昭「北海道歌登町におけるディスポーザー導入の費用効果分析に関する研究」環境技術、第三二巻、第一二号、六二〜七一頁、平成一五年

[12] 山縣弘樹、吉田綾子、高橋正宏、森田弘昭「北海道歌登町における下水管渠清掃時の環境負荷量に関する研究」下水道協会誌、第四三巻、第五二五号、八三〜九四頁、平成一八年

[13] 国土交通省都市・地域整備局下水道部、国土技術政策総合研究所下水道研究部『ディスポーザー導入による影響評価に関する研究報告―ディスポーザー導入時の影響判定の考え方―』国総研資料二二二号、平成一七年

第5章

[1] 小林光征、藤井恒男 編「環境と技術―経済との調和を目指して」第5章、信濃毎日新聞社、二〇〇四

[2] 信州大学環境マインドプロジェクト パンフレット、信州大学環境マインドプロジェクト推進本部、二〇〇六

[3] 信州大学 環境マインドをもつ人材の養成、 http://www.shinshu-u.ac.jp/ecomind/index.html

[4] 信州大学工学部ISO 14001環境マネジメントシステムホームページ、http://wwweng.cs.shinshu-u.ac.jp/ENVIRON1/ISO14001/EMSmenu.html

自然・社会と対話する環境工学

平成 19 年 3 月 31 日　第 1 版・第 1 刷発行

●編集者………土木学会　環境工学委員会
「自然・社会と対話する環境工学」編集W.G.
代表　大垣　眞一郎

●発行者………社団法人 土木学会　古木　守靖

●発行所………社団法人　土木学会
〒160-0004　東京都新宿区四谷1丁目外濠公園内
TEL：03-3355-3444（出版事業課）　03-3355-3445（販売係）
FAX：03-5379-2769　　振替：00140-0-763225
http://www.jsce.or.jp/

●発売所………丸善（株）
〒103-8244　東京都中央区日本橋3-9-2　第 2 丸善ビル
TEL：03-3272-0521/FAX：03-3272-0693

印刷・製本：（株）ひでじま　用紙：京橋紙業（株）　制作：（有）恵文社
ISBN 978-4-8106-0570-9

・本書の内容に関するご質問は，下記の E-mail へご連絡ください。
E-mail　pub@jsce.or.jp